經營顧問叢書 ㉞

U0070560

職位說明書撰寫實務

廖明煌　陳秋福 / 編著

憲業企管顧問有限公司　　發行

《職位說明書撰寫實務》

序　言

　　很多企業的艱辛成長過程，都是在經歷了創業階段後，在奔跑中學走路。有一位企業經營者，對自己的企業在短短幾年內取得的輝煌感到振奮、高興之餘，卻發現企業正常的經營開始陷入推諉之中，工作任務過程變得漫長、經常需要高層來協調才能完成，出現過的問題又反覆出現，開會的時間越來越長，議而不決的事情也越來越多……面對這種局面，經營者由高興變為失望，由失望變為絕望，感到束手無策。為什麼企業會失去秩序？

　　企業要經營的有秩序，最高的管理境界就是這種「物物有人管，事事有人問」，經營活動正常進行，部門之間工作順暢，就必需工作分析、工作規範之後，每個工作崗位都能有「工作崗位說明書」的具體規範在。

　　人才是企業最重要的資產，企業針對人才，想要解決員工的績效問題，第一步就是要明確出每一個員工的的工作崗位責任機制，換句

話說，就是要定義出他的＜工作職位說明書＞。

　　熟悉的典故：「一個和尚挑水有得喝，三個和尚挑水沒得喝」的故事，由一個和尚到三個和尚，卻變成了沒水吃的狀況為什麼呢？

　　對「三個和尚沒水吃」的解決方案，從管理角度而言，就需要在明確職責下，確定每個和尚的職責是什麼？要做什麼事？按照什麼樣的流程與制度來完成「打水及至有水吃」的任務？從激勵的角度來看，需要進行什麼績效評價，用績效結果來引導、改變他的行為。

　　「三個和尚」如果是變成三十個和尚、三百個和尚、三千個和尚呢？三千個和尚就要建立一個有效的管理體系。在這個體系中，每個員工的職能，條條脈絡清晰，整個企業團隊才會井然有序的分工與協作，組織秩序才會良好。

　　體育專家曾對幾位奪得過110米欄的世界冠軍進行了分析，並將他們連續複雜的動作分解為簡單的步驟。最後整理出簡明的、可參照的訓練流程，然後指導110米欄的運動員按照這個流程訓練，結果運動員成績提高很快。這就是按流程辦事帶來的高效率，這也就是本書內所提出的「工作分析、工作崗位規範」。

　　全球管理諮詢公司的顧問說：「你所要做的事，如果以前有人做過，你最好把這個人找出來。如果你能把他的成功經驗流程化，然後按流程去執行，你就一定可以提高績效。」這句話充分肯定了工作分析、按流程辦事的價值。企業首先要建立＜工作崗位職位說明書＞，職位說明書是表明企業期望員工做什麼、員工應該做什麼、應該怎麼做和在什麼樣的情況下履行職責的匯總。職位說明書能夠幫助企業將發展戰略目標轉化為員工的個人目標，並透過這種責任約束確保企業

目標的達成。

　　這本《職位說明書撰寫實務》就是針對如何撰寫職位說明書，特點是首先對組織結構、工作分析的每個環節加以說明，其次對職位說明書編寫中的細節問題進行了詳細的描述和說明，並介紹實際案例，便於管理人員參照執行。

　　作者在國營企業、民營企業的人力資源部經理十五年，擔任企業人力資源部顧問師多年，職場經驗豐富。本書將工作分析的方法、工作分析的實施、崗位設置與工作設計、工作評價、工作分析與職位說明書結果的運用加以細分，理論與實際相結合，本書最大的特點是範本多、實用性強、工具性強，便於人力資源管理人員隨時查閱和參照。

　　本書適合作為大學相關教材或參考用書，可作為企業人力資源管理工作的在職人員培訓用書。

2022 年 1 月

《職位說明書撰寫實務》

目　錄

步驟一　工作崗位的組織架構設置 / 8

第一節　工作崗位的組織設計⋯⋯⋯⋯⋯⋯⋯⋯8

第二節　工作崗位的設置⋯⋯⋯⋯⋯⋯⋯⋯⋯15

第三節　人力資源規劃的案例⋯⋯⋯⋯⋯⋯⋯26

第四節　某公司崗位設置管理辦法⋯⋯⋯⋯⋯28

步驟二　工作崗位的工作分析 / 36

第一節　工作分析的作用⋯⋯⋯⋯⋯⋯⋯⋯⋯36

第二節　工作分析的運用⋯⋯⋯⋯⋯⋯⋯⋯⋯43

第三節　工作分析的執行步驟⋯⋯⋯⋯⋯⋯⋯44

第四節　盤點工作分析時所涉及要素⋯⋯⋯⋯53

第五節　工作分析的方法⋯⋯⋯⋯⋯⋯⋯⋯⋯54

第六節　工作崗位分析的實施⋯⋯⋯⋯⋯⋯⋯68

步驟三　工作崗位的工作設計 / 70

第一節　工作設計的功能⋯⋯⋯⋯⋯⋯⋯⋯⋯70

第二節　工作設計的適用方法 ⋯⋯⋯⋯⋯⋯⋯⋯⋯ 72

第三節　工作設計標準流程 ⋯⋯⋯⋯⋯⋯⋯⋯⋯⋯ 82

第四節　工作分析中的員工恐懼 ⋯⋯⋯⋯⋯⋯⋯⋯ 84

步驟四　工作崗位的工作規範 / 89

第一節　工作規範的內容 ⋯⋯⋯⋯⋯⋯⋯⋯⋯⋯⋯ 89

第二節　工作規範的方法 ⋯⋯⋯⋯⋯⋯⋯⋯⋯⋯ 100

第三節　工作規範的範例介紹 ⋯⋯⋯⋯⋯⋯⋯⋯ 102

步驟五　工作崗位的工作職位說明書 / 106

第一節　職位說明書的作用 ⋯⋯⋯⋯⋯⋯⋯⋯⋯ 106

第二節　職位說明書的編制 ⋯⋯⋯⋯⋯⋯⋯⋯⋯ 117

第三節　編寫職位說明書 ⋯⋯⋯⋯⋯⋯⋯⋯⋯⋯ 126

步驟六　各部門工作崗位說明書範例 / 144

一、店面經理 ⋯⋯⋯⋯⋯⋯⋯⋯⋯⋯⋯⋯⋯⋯⋯ 144

二、公關主管 ⋯⋯⋯⋯⋯⋯⋯⋯⋯⋯⋯⋯⋯⋯⋯ 148

三、銷售主管 ⋯⋯⋯⋯⋯⋯⋯⋯⋯⋯⋯⋯⋯⋯⋯ 152

四、銷售部經理 ⋯⋯⋯⋯⋯⋯⋯⋯⋯⋯⋯⋯⋯⋯ 155

五、廣告企劃主管 ⋯⋯⋯⋯⋯⋯⋯⋯⋯⋯⋯⋯⋯ 158

六、醫藥銷售代表 ⋯⋯⋯⋯⋯⋯⋯⋯⋯⋯⋯⋯⋯ 162

七、採購經理 ⋯⋯⋯⋯⋯⋯⋯⋯⋯⋯⋯⋯⋯⋯⋯ 166

八、倉儲部經理 ⋯⋯⋯⋯⋯⋯⋯⋯⋯⋯⋯⋯⋯⋯ 170

九、銷售經理 ⋯⋯⋯⋯⋯⋯⋯⋯⋯⋯⋯⋯⋯⋯⋯ 172

十、技術總監 ⋯⋯⋯⋯⋯⋯⋯⋯⋯⋯⋯⋯⋯⋯⋯ 176

十一、運營總監 180

十二、生產部部長 184

十三、計劃統計專員 189

十四、生產調度專員 192

十五、運輸員 195

十六、設備管理專員 197

十七、產品開發工程師 200

十八、產品開發技術員 204

十九、質控工程師 207

二十、品質管理經理 211

二十二、採購比價員 213

二十二、秘書 215

二十三、會計員 216

二十四、出納員 220

二十五、招聘專員 223

二十六、培訓專員 226

二十七、培訓經理 230

二十八、人事部專員 232

二十九、總經理 235

三十、總經理辦公室主任 236

三十一、總經理秘書 239

三十二、培訓處處長 242

三十三、技術開發部經理 244

三十四、財務部經理 246

三十五、財務部長 251

三十六、成本核算員⋯⋯⋯⋯⋯⋯⋯⋯⋯⋯254

三十七、出納員⋯⋯⋯⋯⋯⋯⋯⋯⋯⋯⋯256

三十八、材料核算員⋯⋯⋯⋯⋯⋯⋯⋯⋯258

三十九、生產技術部長⋯⋯⋯⋯⋯⋯⋯⋯260

四十、技術管理員⋯⋯⋯⋯⋯⋯⋯⋯⋯⋯263

四十一、工廠主任⋯⋯⋯⋯⋯⋯⋯⋯⋯⋯265

四十二、採購員職位說明書⋯⋯⋯⋯⋯⋯268

四十三、來料檢驗員⋯⋯⋯⋯⋯⋯⋯⋯⋯270

四十四、生產制程檢驗員⋯⋯⋯⋯⋯⋯⋯271

四十五、成品檢驗員⋯⋯⋯⋯⋯⋯⋯⋯⋯272

四十六、生產管理員⋯⋯⋯⋯⋯⋯⋯⋯⋯273

四十七、庫房管理員⋯⋯⋯⋯⋯⋯⋯⋯⋯275

四十八、食堂主管員⋯⋯⋯⋯⋯⋯⋯⋯⋯277

四十九、宿舍管理員⋯⋯⋯⋯⋯⋯⋯⋯⋯279

五十、車輛駕駛員⋯⋯⋯⋯⋯⋯⋯⋯⋯⋯280

五十一、物業管理總監⋯⋯⋯⋯⋯⋯⋯⋯281

步驟七　職位說明書的診斷案例 / 283

◎案例一　金屬公司開展工作分析的案例⋯⋯⋯283

◎案例二　地產公司工作分析的成果案例⋯⋯⋯287

◎案例三　商務公司撰寫職位說明書案例⋯⋯⋯304

◎案例四　食品工廠的工作崗位說明書案例⋯⋯309

◎案例五　製藥公司撰寫＜工作崗位說明書＞的做法 318

步驟一

工作崗位的組織架構設置

🔊 第一節　工作崗位的組織設計

一、設計出企業的組織結構

　　組織結構是反映組織內部構成部份和各部份間所確定的關係形式。組織結構設計，實質上是一個組織變革的過程。它把企業的任務、流程、權利和責任重新進行有效組合和協調，通過組織結構設計大幅度地提高企業的運行效率和效益。

圖 1-1-1 組織結構設計工作流程

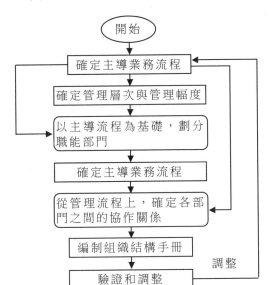

表 1-1-1 組織結構設計應遵循的原則

序號	設計原則	原則描述
1	組織的目標性	使組織內各部門的職能得到充分發揮，達到組織整體經營目標和各部門的分目標
2	組織的成長性	考慮組織的經營業績與持續成長
3	組織的穩定性	隨著組織成長而逐步調整組織結構，但應考慮頻繁的組織、權責、流程變更將使員工信心動搖
4	組織的簡單性	簡單的組織結構將有助於內部協調與人力分配
5	組織的彈性	既保持基本形態，又配合各種環境和條件的變化
6	組織均衡性	各部門業務量均衡，將有助於內部的平衡與分工
7	指揮的統一性	如一人同時接受兩人以上的管理，將使其產生無所適從的感覺
8	權責明確化	權責或職責不清將使工作發生重覆或遺漏、推諉現象，易使員工產生挫折感
9	作業制度化	明確的制度與標準作業可減少摸索時間、提高效率

二、組織結構設計應注意的問題

(1)企業組織結構的動態管理

企業的組織結構不是一成不變的，它應根據市場和客戶的需要而隨時實施動態的組織變革，使企業永遠充滿活力。企業的組織結構必須實施動態管理，才能使企業在激烈的市場競爭中永遠立於不敗之地。

(2)組織結構設計沒有最好，只有最合適

很多企業都在追求最好的組織結構設計，實際上組織結構設計沒有現成的「菜單」，組織結構設計沒有最好，只有最合適。

組織結構設計的四個最合適的標準：

①市場是檢驗組織結構設計好壞的第一標準；

②客戶的需要是檢驗組織結構設計好壞的第二標準；

③操作是否順暢是檢驗組織結構設計好壞的第三標準；

④運行效率是檢驗組織結構設計好壞的第四標準。

(3)恰當地處理「集權」和「分權」的關係

在組織結構設計中，要恰當地處理好「集權」和「分權」的關係。權力過於集中雖然有助於防範各種風險，決策效率高，但權力過於集中，則會影響下級的積極性，有時決策人物變更或因出差等原因暫時離開時，會影響基層的工作效率。

當權力分散時，雖然下級的積極性較高，基層工作效率也比較高，但是企業各種風險容易發生，企業高層的決策效率因此會降低。

比較好的辦法是「適度分權」，即企業的決策權力相對集中後，對下級單位或個人採取「適度分權」(或稱為「有限度分權」)的方法。

例如，在對外招待費的使用上，部門經理有 1000 元以下的權力，副總或總監有 1000 以下的權力，超過權限的則需要請示總經理。既不要人人都可以隨便進行對外招待，也不要使下級一點權力都沒有，每次對外招待都要事先請示總經理。

(4)關於正、副職關係或總監的處理

在組織結構設計中，提倡設「總監」，企業實行「總監製」，總監在總經理的領導下分管各自的工作領域，分工明確、各司其職。

通常一個企業可設置市場總監、運營總監、財務總監、行政總監等，如不設總工程師還可設技術總監。企業中層的職能部門，通常也實行「單職制」。即不設部門副經理，而是在部門經理之下設置若干名主管。在部門經理缺位的情況下，可由一名資深的主管代理經理的職務。

(5)要確認工作目標

增強企業協調性，保證企業的任務、流程、權利和責任有效組合，發揮整體大於部份之和的優勢，達到人力資源有效利用的最佳效果。

- ．對企業組織各要素進行有效排列、組合，明確管理層次。
- ．分清各部門、各崗位之間的職責和相互協作關係，以獲得最佳工作業績。
- ．通過工作崗位職責的描述，使得人適其崗，人盡其責。

三、企業組織結構設計範本

圖 1-1-2　製造業的企業組織結構圖

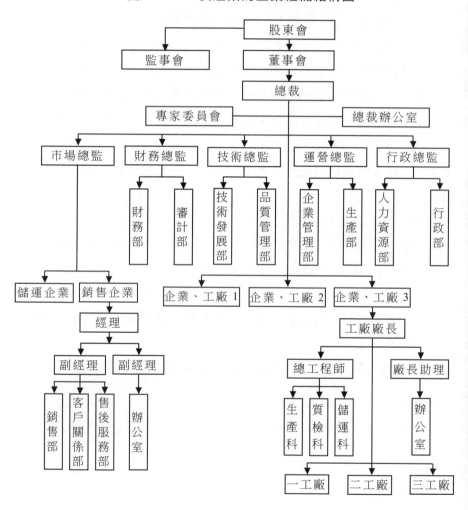

圖 1-1-3　某軟體企業組織機構圖

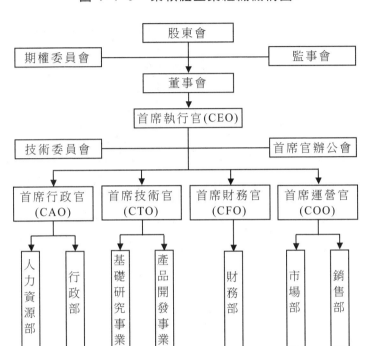

圖 1-1-4 某房地產企業組織結構圖

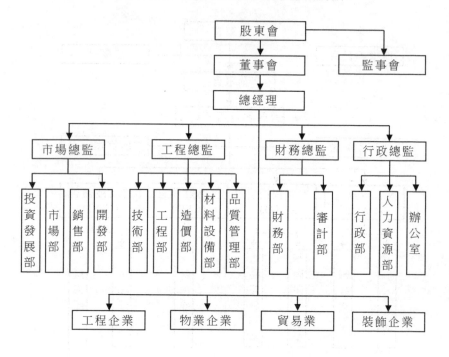

⑷集團企業組織結構圖

圖 1-1-5　某集團企業組織結構圖

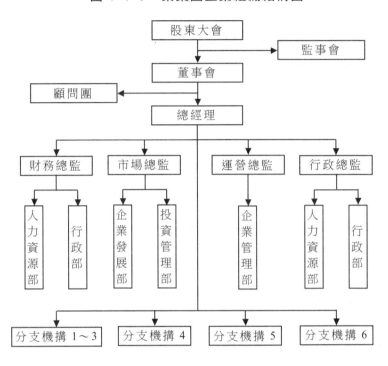

◀))) 第二節　工作崗位的設置

1.崗位的含義

崗位也稱職位。在組織中，在一定的時間內，應當由一名員工承擔若干項任務，並具有一定的職務、責任和權限時，就構成一個崗位。

2.崗位的分類

一般情況下，企業的崗位分為下表中所示的幾種：

表 1-2-1　崗位的分類

崗位名稱	崗位內容
生產崗位	從事製造、安裝、維護及為製造作輔助工作的崗位
執行崗位	從事行政或者服務性工作的崗位
專業崗位	從事各類專業技術工作的崗位
監督崗位	從事監督、監察企業各項工作的崗位
管理崗位	從事部門、科室管理的工作崗位
決策崗位	主要指企業的高級管理層

3.定編定員

定編定員方法是根據企業既定的發展戰略,採取一定的程序和科學的方法,進行組織結構的設置及職能的分解,並對已定崗位的人員數量及素質進行配備的一個過程。

定編定員為企業制定生產經營計劃和人事調配提供了依據,有利於促進企業不斷優化組織結構,提高效率。

崗位是企業組織結構中最基本的功能單位,一個合理、順暢、高效的組織結構是企業快速、有序運行的基礎。

在工作分析的過程中,相關人員除了對每個具體的崗位進行系統的研究外,還需要從組織整體上對崗位進行設置,最終確定組織應設立多少個崗位以及每個崗位所需要的人員數量等。

工作設計是為了有效地實現組織目標,提高組織運營效率,對工作內容、工作職責、工作關係等有關方面進行變革和設計。

崗位設置要根據企業的目標、實際工作需要及工作任務進行,要按照工作性質、工作任務、工作量的大小、所需要的專業知識和業務能力的要求等確定不同的崗位。定編定員的方法如下:

(1)按工作效率定編定員

按工作效率定編定員，是根據生產任務和員工的工作效率及其出勤率等因素來計算定員人數的一種方法。這種方法適用於實行工作定額的人員。

定員人數＝計劃期生產任務總量／（工人工作效率×出勤率）

例如，已知某企業每年生產某產品 400000 件，每個工人產量定額為 10 件，年平均出勤率為 90%，計算該工廠工人定員人數。

(2)按設備定員

按設備定員，是根據工作量確認機器設備的數量，根據設備的數量、設備利用率、開動班次及工人看管定額、出勤率來確定人數的一種方法。它適用於使用大量同類設備，以機械操作為主的工種。

(3)按崗位定員

按崗位定員是指根據生產過程所確定的崗位數量、崗位的工作量大小、工人的工作效率及出勤率、每台設備開動班次等因素來計算定員人數的定員方法。它適用於需要多人看管的大型設備及流水線等。

(4)按比例定員

按比例定員是按照企業員工總數或某一類員工總數的比例來確定人員數量的一種方法。

4.崗位設置的原則

(1)崗位設置應符合最低數量原則

崗位的設置不要很多，數量要盡可能少，目的是使所有的工作盡可能集中，不要特別分散。從經濟角度來說，不必投入很多人工成本。每一個人、每一個崗位的工作人員都應承擔更多的責任。

在設定部門的職責以後，部門中的人員肯定要來分擔整個部門的責任。那麼，如何劃分、如何確定職責，才符合最低數量原則呢？這

裏介紹一種崗位責任分工的方法。

圖 1-2-1　崗位責任分工過程

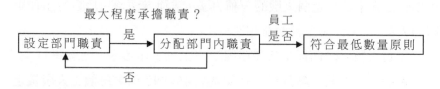

例如，人力資源部大體有以下四項工作：

一是負責企業員工人事管理，如人員招聘、錄用、調轉和解聘等；二是薪酬福利，如制定薪酬政策、做工資表和發放工資等；三是培訓；四是考核。

四項工作就設置 4 個崗位。設計的時候，每一位基層員工所負的主要責任一般是 2～5 項。因為是基層人員，所以只承擔一部份責任。如果是中層管理人員，如部門經理、辦公室主任、下級單位負責人等，工作職責一般是 5～10 項。高層管理人員，例如企業總經理、副總經理、總監等，可能負的主要責任是 8～12 項。

這是一個大致數目，僅供參考。如果基層員工已經承擔了 8 項或者 10 項工作，執行起來可能就有困難，這時就應劃分為兩個崗位。中級人員，如果負責的工作超過了 15 項，負擔可能很重，需要加設一名副經理。高級人員也是這樣。按照這個原則劃分，符合最低數量，使每一個崗位、每一個人承擔的職責最合適，而且企業所付出的代價最低。

⑵要求所有崗位實現最有效的配合

崗位設置的時候，對承擔的責任進行劃分。一般區分為主責、部份和支持三類，確定配合關係。主責是指某一個人所負的主要責任；部份指只負一部份責任；支持是指責任很輕，只協助他人。每個人的

主責、部份和支持一定要劃分清楚。

(3)每個崗位能否在組織中發揮最積極的作用

崗位設置的第三個原則是每個崗位是否在整個組織中發揮最積極的作用。每一個崗位都要有相應的主責，然後有部份或者支持性工作。例如基層員工要有 2～5 項主責，如果工作分工裏沒有主責，都是部份或支持，那麼這個員工的積極性會受影響，會認為自己是跑龍套的，只給別人搖旗吶喊。

(4)每個崗位與其他崗位的關係是否協調

「是否協調」是指崗位之間的責任不交叉、也不存在空白。例如，避免某一個責任李先生是主責，陳先生也是主責，兩個人分不清到底誰是主責，出了事誰負主要責任，在工作中誰負責管理。另外，一項職能如果沒有人負主責，就是崗位職責出現了空白。

如果某一項工作，既有負主責的人，又有配合的人，還有做支持性工作的人，就表示崗位之間配合得很好。

(5)崗位設置是否符合經濟化、系統化的原則

崗位設置如果體現了經濟、科學、合理和系統化的原則，那麼崗位設置對企業的經濟效益應起到積極的作用。企業都在追求自己的經濟效益，對於人工成本的控制也是企業控制成本的重要組成部份。如果崗位設置得特別多，參與這項工作的人就多，企業支付的費用相應增加，這不符合經濟原則。如果崗位設置過少，可能使某些事情無人管理，或者某一個崗位的員工負擔特別重而產生怨氣，這項工作就做不好，所以崗位設置要體現經濟化原則，要符合科學原理。

另外，企業規範化管理體系是一個大的完整的系統，崗位設置要和組織結構設計、職能的分解相吻合，要符合系統化原則。同時，崗位設置也為崗位描述、崗位評價和薪酬福利體系設計提供支持，成為

統一的整體。

5.工作崗位設計流程

崗位設計工作流程,如圖 1-2-2 所示。

圖 1-2-2　崗位設計工作流程

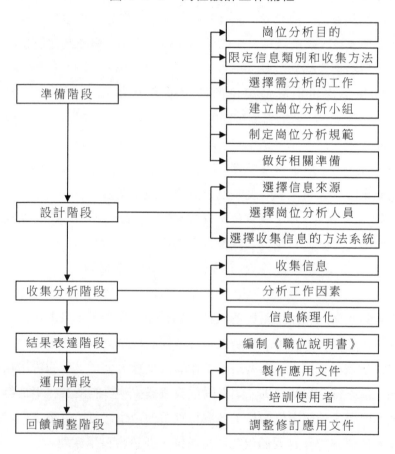

6.崗位評價工作流程

崗位評價工作流程，如圖 1-2-3 所示。

圖 1-2-3　崗位評價工作流程

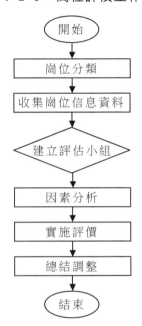

崗位評價工作包括以下內容：

⑴按工作性質，將企業的全部崗位分為若干大類；

⑵收集匯總有關崗位的信息和資料；

⑶建立專門組織，配備專門人員，系統掌握崗位評價的基本理論和實施辦法；

⑷找出與崗位有直接聯繫的、密切相關的各種因素；

⑸規定統一的評價指標和衡量標準，設計各種問卷和表格，打分評價；

⑹總結經驗，及時調整；評價小組對評價標準的掌握可能會有偏

差，應分析、尋找其形成的原因，然後移交給負責薪酬設計的部門作
為基礎資料。

7.工作崗位設計表單

⑴工作崗位調查表

表 1-2-2　工作崗位調查表

調查崗位名稱		
調查方式		
項目		內容
⑴工作任務的性質、內容、流程、地點和時間	性質	
	內容	
	程序	
	地點	
	時間	
⑵要求的學歷、經驗、年齡及其他資格和條件	學歷	
	經驗	
	年齡	
	其他	
⑶與企業內部和外部的關係	內部	
	外部	
⑷工作中應掌握的技能		
⑸本崗位的責任		
⑹工作環境條件		
備註：		

　使用說明：目的：幫助員工制定工作崗位調查表，做好崗位調查工作。

　　　　　　填寫：結合實際調查，根據表中內容提示，填寫相應內容。

(2)部門崗位設置表

表 1-2-3 部門崗位設置表

部門名稱			
部門內崗位設置總數		部門目前總人數	
崗位名稱(按自高至低填寫)	崗位人數	主要職責	
……			
備註:			

使用說明:目的:幫助具體制定部門崗位設置表。

填寫:結合企業內部各部門的崗位設置情況填寫相應內容。

(3)崗位分析輔助表

表 1-2-4 崗位分析輔助表

崗位名稱		崗位編號		
本崗位對企業是否必要			是□	否□
		理由:		
本崗位所需的人數是否可以減少			是□	否□
		理由:		
本崗位是否能產生最大的作用			是□	否□
		理由:		
本崗位與其他崗位是否實現有效配合			是□	否□
		理由:		
本崗位與其他崗位的分工是否清晰			是□	否□
		理由:		
綜合評價:				

使用說明:目的:幫助你在崗位設置時,根據崗位設置的原則,評價崗位的設置情況。

填寫:針對具體的崗位情況,對照表格的提示內容填寫。

(4)崗位分析程序表

表 1-2-5　崗位分析程序表

崗位分析總目標	
企業各類崗位的現狀	
設計調查方案	調查目的：
	調查對象：
	調查項目
	方案
	方案
調查時間	
調查地點	
調查人員	
調查方式	重點調查方式：
分析總結結果：	
備註：	

⑸崗位分析表

表 1-2-6 崗位分析表

項 目		標準
知識分析	學歷	
	專業知識	
	法律法規政策	
經驗分析	工作經歷	
	相關經驗	
	培訓經歷	
能力分析	創新能力	
	適應能力	
	公關能力和親和能力	
	決策能力	
體格分析	體力	
	視力	
	其他	
特性分析	性別	
	年齡	
	職業道德	

⑹崗位評價表

表 1-2-7 崗位評價表

崗位編號		崗位名稱		所屬部門	
評價因素		評價分數		備註	
組織影響力					
監督管理範圍					
工作責任領域					
任職資格與條件					
工作環境與條件					
評價分數總計					

第三節　人力資源規劃的案例

　　A 集團在短短時間由一家小企業發展成為著名的食品製造商，企業最初缺人了，就去招聘。企業日益正規後，開始每年初定計劃：收入多少，利潤多少，產量多少，員工定編人數多少等等，一年中不時的有人升職、有人平調、有人降職、有人辭職，年初又有編制限制不能多招，而且人力資源部也不知道應當招多少人或者招什麼樣的人。

　　很多企業都出現過這情況，以前沒覺得缺人是什麼大事情，什麼時候缺人了，什麼時候再去招聘。雖然招來的人不是十分滿意，但對企業的發展也沒什麼大的影響，所以從來沒把時間和金錢花在這上面。即使是在企業規模日益擴大以後，也只是每年年初做人力資源定編計劃，而對於人力資源戰略性儲備或者人員培養都沒有給予足夠的重視，認為人多的是，不可能缺人。

　　近來由於 A 集團 3 名高級技術工人退休，2 名跳槽，生產線面臨癱瘓。總經理召開緊急會議，命令人力資源經理 3 天之內招到合適的人員項替空缺，恢復生產。人力資源經理兩個晚上沒睡覺，頻繁奔走於全國各地面試現場，最後勉強招到 2 名已經退休的高級技術工人，使生產線重新開始了運轉。人力資源經理剛剛喘口氣，地區經理又打電話給他說自己公司已經超編了，不能接收前幾天分過去的 5 名大學生，人力資源經理不由怒氣衝衝地說：「是你自己說缺人，我才招來的，現在你又不要了！」地區經理說：「是啊，我兩個月前缺人，你現在才給我，現在早就不缺了。」

人力資源經理分辯道:「招人也是需要時間的,我又不是孫悟空,你一說缺人,我就變出一個給你。」

目前,A集團的人力資源經理忙於招聘,對人力資源方面其他行政性的管理職能肯定是無暇照料,更別說用人力資源管理配合企業戰略發展了。A集團的人力資源投入沒有產生合理的價值。另外,A集團沒有人才儲備,員工的跳槽和退休會導致停產。在人才儲備的過程中,越是技術性強和不可替代的人才越應該加強儲備。地區經理和A集團人力資源部之間缺乏溝通,導致人力資源總規劃與局部規劃不平衡,使人力資源供給數量和時間都與需求不吻合。A集團人力資源部在進行人員規劃時應採取以下的措施:

明晰企業短期戰略和企業長期戰略,並把其作為人力資源規劃的依據;

對企業現有人力資源狀況進行盤點,重點列出核心管理層的崗位、核心技術層的崗位,考慮這兩部份的人才儲備,同時,列出將要退休和崗位將要發生變化的人:

對企業的內部員工技能進行盤點,預測企業內部供應能力;

選擇合適的人力資源預測方法,管理崗位可以側重採用定性方法,生產崗位側重採取定量的方法,對企業人力資源需求進行測算;制定並實施人力資源規劃,對乒不斷進行評估,直到人力資源供求達到平衡。

🔊))) 第四節　某公司崗位設置管理辦法

　　崗位設置表是工作崗位設置工作的最後成果,是企業規範化管理的一個正式的、重要的文件。崗位設置表通常有部門職位設置表和公司崗位設置總表兩種形式。

　　按照各個部門、各個單位的職位分別製作的表稱為部門職位設置表,這種表主要是介紹部門內有幾個崗位以及工作職責等,每個部門都要單列一張表。

一、公司崗位設置管理辦法

　一、總則
　1.目的
　　為建立統一、規範的崗位管理體系,明確各個崗位的職責和權限,有效地進行人力資源管理,特制定本辦法。

　2.適用對象
　　本辦法的適用對象為企業的全體員工。

　二、崗位設置與編制
　1.崗位設置的原則
　①從企業發展戰略出發,遵循工作的需要,因事設崗。
　②最低崗位數量原則。
　③各崗位有效配合原則。
　④有效管理幅度原則。

2. 崗位的調整

根據公司的需要，可以調整公司現有的崗位編制。崗位的調整主要包括崗位的新增和撤銷兩部份。

⑴新增崗位的申請程序

公司根據需要，可以設置新的崗位，由用人部門提出申請，填寫《崗位調整申請表》，報人力資源部審核後，人力資源部交由總經理審批，審批合格後，人力資源部編寫新增崗位的職位說明書。

⑵崗位的撤銷

各職能部門經理根據部門實際工作情況，有權向人力資源部門提出崗位撤銷的申請，部門經理填寫《職位調整申請表》，並附上該崗位的職位說明書，交到人力資源部門審核，經總經理審批後，便可撤銷崗位編制。

3. 定編定員

人力資源部每年定期根據公司年度經營目標和現有編制確定全公司人員編制，各部門根據本部門的具體目標和部門職責擬訂職位人數，報人力資源部審核，人力資源部門核定通過後，提請公司總經理辦公會議審議通過後實施。

三、職位管理

1. 職位管理的原則

⑴分類分級管理原則

公司職位分為管理類、行銷類、事務類和技能類四類，職級劃分為四級十等，分別指總經理級（等級為一、二、三）、經理級（等級為四、五、六）、主管級（等級為七、八）和員工級（等級為九、十）。

⑵人崗匹配原則

根據職位說明書的工作職責和任職資格進行職位管理。

(3)競爭原則

引進競爭機制，能者上、劣者下。

2.試用期員工的管理

(1)適用對象

適用於與公司簽訂工作合約的、未轉為正式員工的新聘人員。

(2)試用期限

試用期限為 1～3 個月不等。

(3)試用期人員的培訓

培訓內容包括公司發展狀況、企業文化、經營業務、公司規章制度、工作紀律和崗位技能等。

(4)試用期人員的考核

考核的內容包括：工作表現、工作業績、工作態度等。考核主體：用人部門的部門經理、人力資源部。

(5)試用期員工轉正

試用期滿，經考核合格者，可轉入公司正式員工的編制。

3.管理類人員的職位管理

管理類人員是指主管級及以上的人員。

(1)主管級人員的職位管理

主管級人員的任命，由部門經理和人力資源部共同審核合格後，即可上崗。

(2)部門經理級人員的職位管理

部門經理級人員的任命，由人力資源部對職位候選人進行篩選，篩選合格後，經總經理考核，總經理考核合格，方可錄用。

4.行銷類人員的職位管理

行銷類人員分為管理人員和基層行銷人員。

對中高層管理人員的任命,總經理有最終的決定權;一般行銷人員由人力資源部負責人員的招聘、甄選及錄用工作。

5.事務類人員的職位管理

事務類人員具體是指技術人員和一般員工。

⑴一般員工的職位管理

公司普通人員的招募、資格審查、甄選和錄用由人力資源部負責。

⑵技能類人員的職位管理

技能類人員的招募、資格審查由人力資源部負責,甄選和錄用由擬聘部門負責。

四、職位輪換

1.目的

豐富工作內容,提升員工多方面的能力。

2.方式

⑴平級流動

將員工調換到與原來工作崗位相近或類似的新的工作崗位中去。

⑵縱向流動

是指將員工提升/降低到更高/更低的崗位。

五、職位晉升

1.晉升的條件

⑴在公司任職兩年及以上。

⑵連續三年績效考評成績為優秀。

⑶具備待晉升崗位的任職資格條件。

2.程序

部門經理級及以上人員的職位晉升由總經理決定,主管級及以下人員的職位晉升由部門經理決定。

⑴提出晉升申請

由各職能部門經理負責，根據本部門發展計劃與現有人員狀況對比分析，確定本部門職位空缺情況並提交人力資源部。

⑵審核

人力資源部接到各職能部門的崗位編制空缺的資料，展開信息的核實工作。信息的核實主要包括以下三個方面的內容。

①部門發展計劃的可行性。

②該部門人員流動狀況。

③要求晉升補充的職位是否符合晉升政策。

⑶人力資源部發佈職位空缺公告

⑷人員篩選

一般從以下五方面對職位候選人進行篩選：

①工作態度。

②工作績效。

③工作能力。

④發展潛力。

⑤在企業服務的年限。

⑸人員選拔

⑹人員上崗

六、崗位競聘

⑴面試考官小組人員、總經理、用人部門經理、人力資源部經理。

⑵面試對象：公司中高層管理類崗位員工。

⑶考核的方式以面試、評價中心為主，筆試為輔。

⑷根據員工競聘考核的結果，並結合員工平常的工作表現，考核小組工作人員最後做出錄用決策。

七、離職管理

⑴部門經理辭職，填寫《員工辭職申請表》，報總經理審批後，報人力資源部備案。

⑵其他員工辭職向人力資源部遞交《辭職申請表》，並經部門經理簽字批准後，報人力資源部備案。

⑶涉密人員於合約到期前辭職，必須在遞交《辭職申請表》之日起兩個月後，方可辦理離職手續。

八、辭退

員工有以下行為者，公司有權予以辭退。

⑴試用期間被證明不能勝任工作者。

⑵試用期滿，不能勝任本職工作，經培訓或調換其他工作崗位仍不能勝任工作者。

⑶多次違反公司規章制度、工作紀律且屢教不改者。

⑷其工作失誤給公司造成重大損失的。

⑸外洩公司商業機密的。

九、工作合約的管理

⑴被公司錄用的員工，需與公司簽訂工作合約。合約的期限一般為一年，部份特殊崗位為三年。

⑵合約期滿，公司與員工協商，若協商一致願意續簽工作合約，公司再次與員工簽訂新的工作合約；若雙方均無續簽願望，人力資源部給該員工辦理離職手續。

十、競業禁止協定

競業禁止協議主要是針對掌握公司機密的人員。

公司與離職的涉密人員簽訂競業禁止協議，約定雙方的權利和義務。離職人員需承諾兩年內不得從事與本公司經營業務有競爭關係的

工作，公司要給員工一定的補償。

二、職位說明書的編制管理

1. 職位說明書編制的主體

人力資源部負責公司全部職位說明書的編寫，各職能部門負責協助人力資源部完成。

2. 職位說明書編制的程序

⑴申請

部門經理根據工作的需要，向人力資源部提出職位說明書編寫申請。

⑵審核

人力資源部接到編寫職位說明書的申請後，進行審核。

⑶調研

審核批准後，人力資源部展開工作分析的調研工作。

⑷擬訂

根據調研的結果，人力資源部擬訂職位說明書的編寫草案。

人力資源部將編寫好的職位說明書草案交給該職位所在部門的部門經理審議，根據該部門經理提出的意見，再行修改，直至完善後定稿。

3. 職位說明書的編制內容

⑴職位基本信息

職位基本信息主要包括職位名稱、所屬部門、職位編號、直接上級、直接下級等。

⑵職責概述

職責概述是對工作總體職責、性質的簡單描述。

⑶工作職責與任務

工作職責與任務是指崗位任職者所在崗位的主要職責以及為完成這些職責而需完成的工作內容。

⑷工作關係

工作關係是指崗位任職者因工作關係而與企業內外人員/部門發生的聯繫。

⑸工作環境

工作環境是指任職者所在工作崗位的工作環境狀況。

⑹崗位任職資格

崗位任職資格是指勝任工作崗位所需具備的學歷、專業要求、工作經驗、技術職稱、能力特長、身體/年齡和其他要求。

4.職位說明書的修改與完善

職位說明書的內容並不是一成不變的,它會隨著企業的發展或企業經營環境的變化而變化。其修改應遵循以下的程序。

⑴申請：部門經理向人力資源部提出職位說明書修改意見。

⑵協商：人力資源部就修改意見與該部門經理協商並修改相關內容。

⑶將修改好的職位說明書編號並到人力資源部存檔。

5.職位說明書的管理

職位說明書由人力資源部統一管理,人力資源部定期/不定期地根據各職位的變化對其職位說明書的內容加以修改和完善。

步驟二

工作崗位的工作分析

🔊 第一節 工作分析的作用

工作分析是現代人力資源管理體系建設過程中一項重要的基礎性工作，是人力資源管理與開發的基石。工作分析的結果就是形成職位說明書。

工作分析是採用一定的方法和技術來瞭解與獲取和工作有關的詳細信息的過程，其主要解決的是工作的職責是什麼、權限是什麼、對任職者的要求是什麼等內容。

企業之所以要進行工作分析，其目的就是要為企業的人員招聘、培訓、績效考核和確定薪酬提供依據。

一、工作分析的作用

工作分析是對工作的內容和有關的各個因素進行系統、全面地描

述和研究的過程。

工作分析就是為管理活動提供各種有關工作方面的信息。這些信息概括起來就是指提供每一工作的 6 個「W」：工作內容(what)、責任者(who)、工作崗位(where)、工作時間(when)、怎樣操作(how)、為何要做(why)。

然後，根據這些工作信息制定出工作說明書和工作規範兩類專門文件。工作說明書具體說明工作的內容、責任和環境等；工作規範說明任職資格。

當今企業管理的大部份工作是建立在工作分析這個基礎上的，不可缺少。一個企業的工作分析評價是否科學合理，在很大程度上決定了這個企業的管理水準。

工作分析是人力資源開發與管理工作的基石。人力資源開發與管理的各項活動，諸如人力資源規劃、人員招聘、培訓、職業生涯規劃、績效評估、工作評價、薪酬管理等都是建立在工作分析的基礎上，或者是運用了工作分析所獲得的信息。

因此，工作分析對於人力資源管理乃至整個組織管理都具有十分重要的作用和意義。

1. 為企業提供了基礎數據

由於工作分析詳細說明了各個職位的特點和要求、職責和職位間的關係，據此進行組織結構優化和工作再設計，就可以避免工作重疊、工作重覆，進而提高個人和部門的工作效率及協調性。

2. 為人員的招聘錄用，提供了明確的標準

由於工作分析就各個職位的工作內容和任職資格作了充分的分析，因此在招聘錄用過程中就有了明確的標準，減少了主觀判斷的成分，有利於提高招聘錄用品質，降低招聘成本。

3.為員工的培訓與開發，提供了可靠的依據

圖 2-1-1　工作分析的基本內容與作用

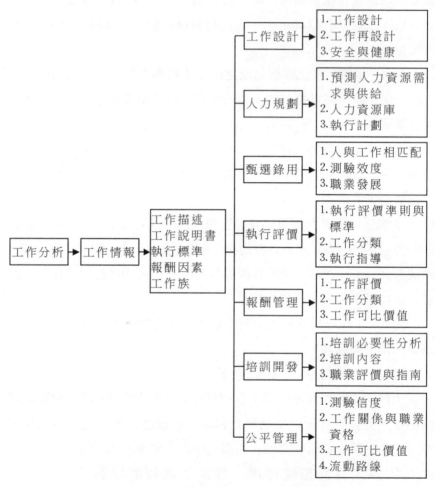

　　透過工作分析制定的工作說明書詳盡而準確地展示了每一職位的工作職責、要求及任職資格。在新員工入職培訓時，通過閱讀工作說明書就能很方便地瞭解本職位的各種信息，知道工作崗位對他的期

望；對老職工的培訓，可以用員工目前的績效和能力與工作說明書中的職位要求相對照，其差距就是培訓的需求，從而制定出培訓計劃，開展各項培訓活動。

4.為員工工作績效評定，提供了客觀標準

根據工作分析的結果，可以確定工作的具體內容，制定科學合理的績效標準，且標準公開，有利於考核公正。

5.是制定公平合理的薪酬體系的前提

運用工作分析所產生的工作說明書可以客觀地評價不同職務的工作繁簡程度、工作責任的大小、任職資格的高低，以及工作環境優劣等因素，即進行工作評價，以確定每一職務對組織的價值，再根據每一職務的價值來決定職務的薪資，這樣就保證了組織薪酬的內部公平性。

6.有利於加強工作保護

通過工作分析，可以全面瞭解工作環境及其危險性，提醒組織和人員注意安全隱患，對危險場所和設施採取有效的安全保護措施，以減少或消除工作事故的發生。

圖 2-1-2　工作分析與人力資源管理其他工作的關係

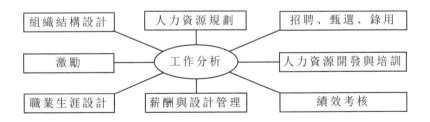

二、有關工作分析的術語

在全面闡述工作分析前，首先要對工作分析的有關概念和術語做出規定。

1. 工作要素

工作要素是指在工作活動中不能再繼續分解的最小單位。例如，秘書接聽電話前，拿起電話聽筒；列印文件時，正確錄入文字符號。

2. 任務

任務是指為達到某一工作目的進行的一系列活動，由一個或多個工作要素組成。例如，接聽一個電話、列印一份文件。

3. 職責

職責是指個體在工作崗位上需要完成的主要或大部份任務。它可以由一項或多項任務組成。例如，人事工作者的職責是進行員工談話、提出人事工作建議、進行工資調查等等。

4. 職位

職位是指組織中的個人所擔負的一組任務及相應的責任。職位與人員是匹配的，有多少職位就有多少工作人員。如，某辦公室設有 2 個秘書職位，就有 2 位秘書。

5. 職務(工作)

職務與工作同義，是指職責相同的一組職位。例如一個組織中有 10 位打字員，就有 10 個打字員的職位，但他們的職務工作是相同的。

6. 職系(職種)

職系又叫職種，是指工作性質相同，而責任輕重與困難程度不同的職務系列。如：高校教師包括助教、講師、副教授、教授 4 種職務。

一個職系就是一個升遷系統。

　　7.職級

　　職級是指將工作內容、難易程度、責任大小、所需資格都很相似的職位劃為同一等級，實行相同管理與報酬。現在一般劃分的職級有員級、助級、中級、副高級、正高級 5 大職級。

三、工作分析前要明確的問題

　　在進行工作分析之前，管理者需要明確如下問題，以確保已經為工作分析做好了準備。

　　1.高層管理人員：他們是否清楚地瞭解工作分析的必要性？是否瞭解工作分析的目標？是否知道實施工作分析的流程？是否清楚將要花費的時間、金錢和人力？

　　2.中層管理者：他們是否瞭解工作分析的必要性？是否瞭解工作分析對本部門的影響？

　　3.員工：他們是否瞭解工作分析的目的？是否知道在工作分析過程中其本人需要給予那些配合？

　　如果只是高層管理者認可工作分析的必要性，提供大力支持，而中層管理者和員工並沒有意識到進行工作分析的必要性，那麼，在工作分析過程中，就可能由於成員不配合，崗位信息收集不能按要求進行，影響工作分析的進度，預定進度不能按時完成；也可能出現組織成員在工作信息收集階段提供的信息不完全、不真實或故意誇大或者縮小工作的職責，使工作分析信息的信度和效度受到影響，從而影響工作分析的品質。

四、食品公司工作崗位的工作分析

　　大產速食食品公司是一家生產速食麵企業，開創初期實施了卓有成效的經營戰略，使產品一炮打響，並迅速佔領市場。隨著市場的擴大，企業規模也急劇擴張，生產線由初期的 2 條擴展到 12 條，人員也增至上千人，隨之而來的是管理上暴露出的種種問題。最為突出的是報酬問題。

　　公司各部門人員都覺得自己的付出比別人多，而得到的並不比別人多，所以普遍認為報酬不公平。生產部的人員強調自己的工作強度大，在炎熱的夏季，工廠溫度高，每天都有人暈倒，工作強度可想而知；業務部的人員強調他們整天在外邊跑，既辛苦又有很大的心理壓力；還有的部門強調自己責任重大，等等，大家各執一詞。又快到分獎金的時候了，究竟該怎麼分配？總經理決定聘請外界專家協助解決。專家們經過一番調查研究，決定從工作分析開始……

　　要撰寫工作崗位說明書，首先要對該工作崗位進行工作分析。

　　工作分析可分為兩類：一類是對工作的分析，它為人力資源管理提供信息；另一類是方法研究和時間研究，它的任務是改進工作方法和制定工作定額。這兩種分析的研究方法、主要技術、目的及用途都不同。本文介紹的工作分析屬第一種，又稱職務分析，是人力資源管理中一項重要的常規性技術。

　　在人力資源管理中，常會遇到這樣一些問題：這項工作的內容是什麼？其職責和權限是什麼？承擔工作的必要條件是什麼？培訓重點是什麼？如何衡量工作績效？工作的重要性與報酬標準是怎樣

的？等等。顯然，要回答這些問題不是件簡單事。首先須掌握有關工作的全面信息。工作分析的主要功能就是為人力資源管理部門和人力資源管理者提供這類完整的信息。因此，工作分析是人力資源管理的基礎。

第二節 工作分析的運用

利用工作分析所提供的職位描述，有以下方面：

1.工作職責和任務

工作職責和工作任務，是指一個職位所承擔的職責以及為實現這些職責所要求完成的任務。工作職責和任務是對任職者的績效進行管理的基礎和依據，對任職者績效的評估主要就根據他在這些工作職責和任務上所產生的結果進行，將其實際完成的工作結果與目標的要求相比較，就可以得出其績效水準。

2.各項職責和任務所佔的比重

各項職責和任務所佔的比重，是指假設在所有的職責和任務上花費的時間總和為 100%，那麼各項職責和任務所佔時間的百分比分別是多少。

例如，對行銷主管這一職位來說，制訂促銷活動計劃的職責所佔的比重為 30%，對行銷人員進行培訓的職責所佔的比重為 25%，與分銷商和客戶進行聯絡溝通的職責所佔的比重為 40%，撰寫報告所佔的比重為 5%。那麼就績效進行評估的權重就應該參照職責和任務的比重。

3.與企業組織內外其他部門和人員的關聯關係

與企業內外其他部門和人員的關聯關係指該職位主要與內部那些部門和個人發生關係，與企業外部那些部門和個人發生聯繫。

例如招聘主管需要同當地政府的服務單位、政府的人事部門、人才仲介機構等發生聯繫，而在公司內部則需要同各部門以及人力資源部負責其他職能的同事發生聯絡關係。工作關聯關係表明了任職者工作結果的輸出方向，那麼在對其工作績效進行評估時，接受其工作結果的對象就有權力對其結果進行評估。

🔊 第三節　工作分析的執行步驟

工作分析就是選擇一定的信息來源，運用有關收集信息的方法來收集某些職位的信息，然後對這些信息進行分析與整理，形成文件：工作說明書。

步驟一、確定工作分析目的

工作分析是一項非常複雜、繁瑣且具挑戰性的工作，不是人力資源管理部門單獨可以完成的，它涉及企業每一個部門、每一級管理者，甚至需要每一位員工的協助才能順利開展，要對工作分析的流程有比較清晰的認識，才能統籌規劃。

首先要確定工作分析的目的，即確定工作分析要解決什麼管理問題。例如，是為了解決報酬分配問題還是解決員工培訓問題。由於工作分析目的不同，在方法的選擇、分析的層次、信息收集的範圍、分

析人員的選擇、所需費用等方面都會有所不同。一般在以下幾種情況下需要進行工作分析。

圖2-3-1　工作分析的系統模型

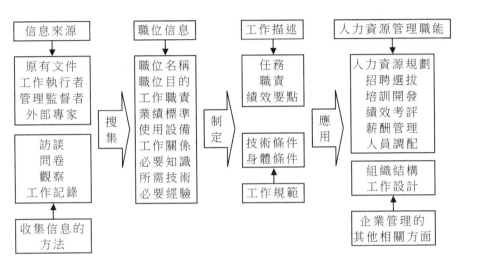

圖2-3-2　工作分析的一般流程

　　⑴當組織新建立時，需要引進工作分析，以便分解各項工作，確定職位以及各個職位的工作內容、職責、環境和任職資格。

　　⑵當組織產生新工作時，需要進行工作分析。不僅要分析新工作，還要分析與新工作相關的工作，說明它們之間的隸屬、工作聯繫等情況。

　　⑶當工作發生變化時，如新技術、新方法的出現，或者工作性質、工作內容發生了變化。

(4)當工作環境發生變化時，如組織結構調整、組織制度變革、工作場所變動等。

步驟二、準備階段

準備階段是工作分析的第一階段，主要任務是瞭解情況，確定樣本，建立關係，組成工作小組。具體工作如下：

(1)明確工作分析的意義、目的、方法、步驟；

(2)向有關人員宣傳、解釋；

(3)與工作分析有關的員工建立良好的人際關係，並使他們做好良好的心理準備；

(4)組成工作小組，以精簡、高效為原則；

(5)確定調查和分析對象的樣本，同時考慮樣本的代表性；

(6)把各項工作分解成若干工作元素和環節，確定工作的基本難度。

步驟三、制定工作分析方案

工作分析方案是工作分析目的實現的具體化。在制定方案中，應根據工作分析目的確定以下內容。

1. 信息來源

信息來源有：工作執行者、管理監督者、顧客、工作分析人員及「工作分析彙編」、「職業名稱辭典」，還有組織原有的工作背景資料等信息文件。

表 2-3-1　工作分析計劃表

時間	任務	負責人	工作成果
10 月 21〜28 日	1. 擬定訪談提綱和工作日誌 2. 小組成員進行工作任務分配	劉 XX	1. 訪談提綱 2. 工作日誌 3. 工作任務分配計劃
11 月 1〜8 日	填寫職務分析問卷和工作日誌	郵局主管	填寫好的職務分析問卷和工作日誌
11 月 9〜15 日	小組成員閱讀問卷、準備職位訪談、選定典型職位	各分組組長	詳細的各職務訪談計劃
11 月 16〜19 日	對郵局的典型、重要職位進行訪談	各分組組長	職位訪談報告
11 月 20〜25 日	組織編寫職務說明書	各分組組長	職務說明書
11 月 24〜25 日	對每一職務說明書進行討論	劉 XX	比較規範的職務說明書
11 月 26〜28 日	職務說明書交給專家審閱	劉 XX	
11 月 29〜30 日	修改職務說明書	劉 XX	規範的職務說明書

2.要分析的工作

在工作分析目的指導下，確定分析的範圍、層次，最終要落實到被分析職位的名稱和數量。如果是對組織的工作進行全面分析，工作量較大，為了提高工作效率，保證分析結果的品質，可先選擇典型的

有代表性的工作。

3.工作分析方法和具體的實施步驟

有多種工作分析方法,應根據工作分析的目的和各方面條件選擇適合的方法,並確定實施步驟。

4.工作分析的時間和進度

當工作分析規模很大時,應注意分期分批劃階段進行。

5.工作分析項目經費預算

這也是計劃方案中的一項重要內容,在保證工作分析任務完成的前提下,應以「低成本原則」預算經費。

步驟四、確定工作崗位

工作分析首先要收集和研究有關工作機構的一般情況,確定每一工作崗位在其組織機構中的位置。為此,分析人員通常從組織結構或可能的組織工作程序圖人手調查,工作程序圖可以幫助分析人員瞭解工作過程。不過,依靠工作程序圖或組織結構圖確定工作崗位之間的職能關係和明確各項任務的目的,經常可能是不完全的,因而還需要有其他一些資料的補充,包括操作和培訓手冊、人員補充規定(一般應說明工作的要求)、其他有關的規則或要求,當然,還有工作說明書。

在首先確定工作崗位之後,應開始研究每一工作崗位的情況,並將其本質內容記錄下來。為了保證對所有工作崗位情況能進行系統地搜集,需要準備規範的工作分析表格,其中包括一些精心選擇的有關問題。這種表格不一定重新設計,可根據確定的工作崗位測評計劃,對原來有關企業各種情況的規範表格進行修改後使用。工作崗位的特

徵通常包括工作人員做什麼、怎樣做和為什麼做、工作條件如何、資格條件的要求是什麼等幾個基本內容。

步驟五、收集工作崗位的工作資訊

1. 收集工作的背景資料

工作信息的初步調查，可以從流覽組織原有的工作背景資料開始，這些背景資料包括：組織結構圖、崗位配置圖、工作流程圖以及原有的工作說明書等。

有效利用這些背景資料，不僅有助於工作分析人員很快地對組織現狀進行瞭解，而且可以在很大程度上降低工作信息收集的難度和工作量。組織結構圖可以顯示出某一職位在組織中的位置以及上下級隸屬關係和平行的工作關係；崗位配置圖能夠反映組織中現有崗位的人員配置情況，有助於工作分析者瞭解諸如一人多崗或一崗多人的情況；工作流程圖指出了工作在各崗位輸入與輸出的過程，這對工作流程進行優化和調整是非常重要的；原有的工作說明書是提取工作信息、審查和重新編寫工作說明書的一個很好的參考。

工作分析專家可以來自於組織內部，通常是人力資源部門或業務流程研究部門；也可以來自於組織外部的專業機構。無論來自組織內部還是組織外部，這些工作分析專家都有一個共同的特點，就是他們都經過專門訓練，能夠系統地收集和分析工作信息。他們一般都接受過一種或幾種工作分析方法的訓練，通常採用訪談或觀察的方法來收集。

工作任職者是最瞭解工作內容的人，他們有可能提供關於工作的最真實可靠的信息。他們能夠描述工作實際上是怎樣做的，而不是工

作應該怎樣做。參加工作分析的工作任職者必須是自願的，這樣他們在工作分析中才有比較高的動機、興趣和參與熱情，而且必須具有比較好的口頭交流能力、閱讀和書面表達能力。

2.工作現場觀察

工作現場觀察是進一步收集工作信息的重要環節。觀察的目的是使分析者熟悉工作現場的環境，瞭解工作者使用的工具、機器、設備，以及一般的工作條件和主要職責。觀察時，最好由該部門的管理者陪同，因為他們瞭解情況，可隨時回答分析人員的提問。

3.擬定工作調查單

擬定工作調查單是在工作現場觀察的基礎上，為後面的深入工作調查所做的必要準備。在擬定工作調查單時，應將所要收集的有關工作信息的要項盡可能詳盡地列出，同時要注意，調查單的編寫形式要考慮到使用時的方便。

4.工作調查

工作調查按照調查地點的不同可分為現場調查和場外調查，一般先進行現場調查再進行場外調查。

在進行現場調查時，工作分析員可以手拿調查單，一邊觀察和詢問，一邊將每個職位的工作情況如實填在調查單上。當現場調查不便時，或者為了更詳細地瞭解情況，可進行場外調查，即將有關人員請到辦公室，由工作分析員根據工作調查單邊詢問邊填寫。這樣有利於保證所收集資料的品質。如果為了不影響工作，也可以利用休息時間填寫調查單。

步驟六、分析工作信息

在收集工作信息之後，就要對這些信息進行統計、分析、研究、歸類，以使信息規範化，為最終形成工作說明書作好充分準備。分析工作信息可分為下面幾個步驟。

1.資料整理

即對工作調查單上的一些工作基本信息(工作名稱、工作任務、工作責任、工作關係、工作環境、任職條件等)進行整理、歸納、規範化，編制成工作分析資料單(工作清單)。在整理過程中，對有些工作情況仍不清楚或有遺漏的，再重新調查。

2.工作信息分析

得到任務清單並不是工作分析的全部目的，一般來說，還需要對信息進一步分析。例如，任職資格是根據職位的工作任務和要求來確定的，然而有些職位的工作任務可能羅列很多項，如果根據這麼多項任務來確定任職資格就顯得較為困難，這時可以進一步分析，選擇時間消耗和工作任務的相對重要性為維度來確定職位的重要工作項目(工作要項)，再以工作要項為基礎對工作責任、任職資格等進行分析並作出確定。工作要項還可以作為績效考評的維度。經過這樣深入的分析才能形成為編制工作說明書所需要的規範化的信息。

3.工作信息審核

將工作分析資料單發給有關人員(工作執行者、分析人員、管理者)進行審核，要求審核人員根據事實逐字審核；並可採取逐級審核的方式，即由每一職位的上級主管審核，並保證每一職位至少由3人審核，如有異議可進行討論，直到意見統一。這一環節非常重要，不

僅有助於確定工作分析的信息是否正確，而且有助於工作分析的結果能夠得到相關工作者的理解和認可。

4.分析階段

分析階段是工作分析的第三階段，主要任務是對有關工作特徵和工作人員特徵的調查結果進入深入全面的分析。具體工作如下：

⑴仔細審核收集到的各種信息；

⑵創造性地分析、發現有關工作和工作人員的關鍵成分；

⑶歸納、總結出工作分析的必需材料和要素。

5.完成階段

完成階段是工作分析的最後階段，前三個階段的工作都是為了達到此階段作為目標的，此階段的任務就是根據規範和信息編制「工作描述」和「工作說明書」。

步驟七、撰寫工作說明書

根據審核後的工作分析資料就可以編制工作說明書了。工作說明書是工作分析的最終結果，它包含了工作分析所獲得的所有信息，並把他們以標準化的形式編制成文。在編制過程中，可就工作說明書內容的繁簡程度、形式等方面再一次徵求意見後定稿。

第四節　盤點工作分析時所涉及要素

工作分析是對某工作進行完整的描述或說明以便為管理活動提供有關工作方面的信息而進行的一系列工作信息的收集、分析和綜合的人力資源管理基礎性活動。

工作分析可從以下八個要素著手(6W2H)：

Who：誰從事此項工作，責任人是誰，對人員的學歷及文化程度、專業知識與技能、經驗以及職業化素質等資格要求。

What：做什麼，即本職工作或工作內容是什麼，負什麼責任。

Whom：為誰做，即顧客是誰。這裏的顧客不僅指外部的客戶，也指企業內部的員工，包括與從事該工作的人有直接關係的人：直接上級、下級、同事、客戶等。

Why：為什麼做，即工作對其從事者的意義所在。

When：工作的時間要求。

Where：工作的地點、環境等。

How：如何從事或者要求如何從事此項工作，即工作程序、規範以及為從事該工作所需的權利。

How much：為此向工作所需支付的費用、報酬等。

有了工作分析結果以後，我們就可以著手制定工作職位說明書了，工作說明書最好根據企業的具體情況進行制定，而且在編制時，要注意文字簡單明瞭，使用淺顯易懂的文字；內容要越具體越好，避免形式化；隨著企業規模的不斷擴大，職位說明書要在一定的時間內必須給予修正和補充，能夠與企業的發展保持同步。

第五節　工作分析的方法

一、工作日誌法

　　工作日誌法是按時間順序記錄工作過程，然後經過歸納，取得所需工作信息的一種工作分析方法。

　　這種方法運用得好，可以獲得大量的更為準確的信息，所需費用也低。缺點是可使用範圍較小，只適用於工作循環週期較短、工作狀態穩定的職位，且信息整理量大，歸納工作繁瑣，還會加重員工的負擔。

　　工作執行者在填寫時，往往因不認真而遺漏，或誇大自己的工作內容和工作重要性。若由第三者填寫，人力投入較大，所以不適合分析量大的工作。表 2-5-1 為工作日誌填寫範例。

表 2-5-1　工作日誌填寫範例

5 月 29 日　　工作開始時間 8：30　　　　工作結束時間 17：30

序號	工作名稱	工作內容	工作結果	時間消耗	備註
1	複印	協議文件	4張	6分鐘	存檔
2	起草公文	貿易代理委託書	800字	1小時15分鐘	報上級審批
3	貿易洽談	玩具出口	1次	4小時	承辦
4	佈置工作	對日出口業務	1次	20分鐘	指示
5	會議	討論東歐貿易	1次	1小時30分鐘	參與
……					
16	請示	佣金數額	1次	20分鐘	報批
17	電腦錄入	經營數據	2屏	1小時	承辦
18	接待	參觀	3人	35分鐘	承辦

二、工作實施法

工作分析的方法很多,基本方法有工作實施法、觀察法、面談法、調查表法、工作日誌法和資料分析法等幾種。

工作實施法是指工作分析者去執行所研究的工作,從而獲取有關工作信息的第一手資料。採用這種方法可以瞭解工作的實際任務以及該工作對體力、環境、社會方面的要求。

這種方法適用於短期內可以掌握的工作,但是對那些需要進行大量訓練才能掌握或有危險的工作,不適於採用此種方法。

三、調查表法

調查表法是根據工作分析的目的、內容等編寫出調查表,由工作執行者填寫後回收整理,提取出工作信息。工作調查表適用範圍很廣,是一種普遍使用的工作信息提取方法。

對此類調查表的設計要求是:要明確獲得何種信息,將要獲得的信息轉化為可操作的具體問題,用語應簡潔易懂,問卷設計應儘量規範化。

表 2-5-2 工作分析調查表

姓名		職稱		現任職務(工作)		工齡	
性別		部門		直接上級		進入公司時間	
年齡		學歷		月平均收入		從事本工作時間	

工作 時間 要求	1. 正常的工作時間每日自____時開始至____時結束 2. 每日午休時間為____小時，____%情況下可以保證 3. 每週平均加班時間____小時 4. 實際上下班時間是否隨業務情況經常變化 　總是□　　　有時是□　　　偶爾是□　　　否□ 5. 所從事的工作是否忙閑不均　　　　　　　是　　否 6. 若工作忙閑不均，則最忙時常發生在那段時間____ 7. 每週外出時間佔正常工作時間的____% 8. 外地出差情況每月平均____次，每次平均需要____天 9. 本地外出情況平均每週____次，每次平均需要____天 10. 其他需要補充說明的問題 _____

工作 目標	主要目標		其他目標

工作 概要	用簡練的語言描述一下您所從事的工作

工作 活動 程序	名稱	程序	依據

續表

工作活動內容	名稱	結果	佔全部工作時間的百分比(%)	權限		
				承辦	需報審	全權負責

內部接觸	1. 在工作中不與其他人接觸 ＿＿＿＿ 2. 只與本部門內幾個同事接觸 ＿＿＿＿ 3. 需要與其他部門的人員接觸 ＿＿＿＿ 4. 需要與其他部門的部份主管接觸 ＿＿＿＿ 5. 需要同所有部門的主管接觸	將頻繁程度等級填入左邊線上 偶爾　經常　非常頻繁 1　　2　　3　　4　　5
外部接觸	1. 不與本公司以外的人員接觸 ＿＿＿＿ 2. 與其他公司的人員接觸 ＿＿＿＿ 3. 與其他公司的人員和政府機構接觸 ＿＿＿＿ 4. 與其他公司、政府機構、外商接觸 ＿＿＿＿	將頻繁程度等級填入左邊線上 偶爾　經常　非常頻繁 1　　2　　3　　4　　5
監督	1. 直接和間接監督的人員數量 ＿＿＿＿ 2. 被監督的管理人員數量 ＿＿＿＿ 3. 直接監督人員的層次：一般職工、基層主管、中層主管、高層主管 1. 只對自己負責 2. 對職工有監督指導的責任 3. 對職工有分配工作、監督指導的責任 4. 對職工有分配工作、監督指導和考核的責任	
工作的基本特徵	1. 對自己的工作結果不負責任 2. 僅對自己的工作結果負責 3. 對整個部門負責 4. 對自己的部門和相關部門負責 5. 對整個公司負責	

續表

工作的基本特徵	1.在工作中時常做些小的決定，一般不影響其他人 2.在工作中時常做一些決定，對有關人員有些影響 3.在工作中時常做一些決定，對整個部門有影響，但一般不影響其他部門 4.在工作中時常做一些大的決定，對自己部門和相關部門有影響 5.在工作中要做重大決定，對整個公司有重大影響	
	1.有關工作的程序和方法均由上級詳細規定，遇到問題時可隨時請示上級解決，工作結果須報上級審核 2.分配工作時上級僅指示要點，工作中上級並不時常指導，但遇困難時仍可直接或間接請示上級，工作結果僅受上級要點審核 3.分配任務時上級只說明要達成的任務或目標，工作的方法和程序均由自己決定，工作結果僅受上級原則審核	
	1.完成本職工作的方法和步驟完全相同 2.完成本職工作的方法和步驟大部份相同 3.完成本職工作的方法和步驟有一半相同 4.完成本職工作的方法和步驟大部份不同 5.完成本職工作的方法和步驟完全不同	
	在工作中您所接觸到的信息經常為	說明
	1.原始的、未經加工處理的信息 2.經過初步加工的信息 3.經過高度綜合的信息	如出現多種情況，請按「經常」的程度由高到低依次填寫
	在您做決定時常根據以下那種資料	說明
	1.事實資料 2.事實資料和背景資料 3.事實資料、背景資料和模糊的相關資料 4.事實資料、背景資料、模糊的相關資料和難以確定是否相關的資料	如出現多種情況，請按「依據」的程度由高到低依次填寫在下面
	在工作中您需要做計劃的程度	說明
	1.在工作中無需做計劃 2.在工作中需做一些小的計劃 3.在工作中需做部門計劃 4.在工作中需要做公司整體計劃	如出現多種情況，請按「作計劃」的程度由高到低依次填寫在下面

	在工作中接觸資料的公開性程度	說明
工作的基本特徵	1. 在工作中所接觸的資料均屬於公開性資料 2. 在工作中所接觸的資料屬於不可向外公開的資料 3. 在工作中所接觸的資料屬於機密資料，僅對中層以上主管公開 4. 在工作中所接觸的資料屬於公司高度機密資料，僅對少數高層主管公開	如出現多種情況，請按「公開性」的程度由高到低依次填寫在下面
工作壓力	1. 在每天工作中是否經常要迅速做出決定 　沒有　很少　偶爾　許多　非常頻繁 2. 您手頭的工作是否經常被打斷 　沒有　很少　偶爾　許多　非常頻繁 3. 您的工作是否經常需要注意細節 　沒有　很少　偶爾　許多　非常頻繁 4. 您所處理的各項業務彼此是否相關 　完全不相關　大部份不相關　一半相關　大部份相關　完全相關 5. 您在工作中是否要求高度的精力集中，如果是，約佔工作總時間的比重是多少 　20%　40%　60%　80%　100% 6. 在您的工作中是否需要運用不同方面的專業知識和技能 　否　很少　有一些　很多　非常多 7. 在您的工作中是否存在一些令人不愉快、不舒服的感覺(非人為的) 　沒有　有一點　能明顯感覺到　多　非常多

續表

工作壓力	8.在您的工作中是否需要靈活地處理問題 不需要　很少　有時　較多　非常多 9.您的工作是否需要創造性 不需要　很少　有時　較需要　很需要 10.您在修訂工作職責時是否有與職工發生衝突的可能 否　　很可能

任職資格要求

1. 學歷要求　　初中　高中　職專　專科　本科　碩士　博士
2. 為順利履行工作職責，應進行那些方面的培訓，需要多少時間

培訓科目	培訓內容	最低培訓時間(月)

3. 一個剛剛開始您所從事的工作的人，需多長時間才能基本勝任工作

4. 為了順利履行您所從事的工作，需具備那些方面的其他工作經驗、經歷，約多少年

工作經歷要求	最低時間要求

5. 在工作中您覺得最困難的事情是什麼？您通常是怎樣處理的

困難的事情	處理方法

6. 您所從事的工作有何體力方面的要求

輕　　較輕　　一般　　較重　　重

7.其他能力要求	等級		等級
(1)領導能力		(14)談判能力	
(2)指導能力		(15)衝突管理能力	
(3)激勵能力		(16)說服能力	
(4)授權能力		(17)公關能力	

任職資格要求	(5)創新能力 (6)計劃能力 (7)資源分配能力 (8)管理技能 (9)組織人事 (10)時間管理 (11)人際關係 (12)協調能力 (13)群體技能	(18)表達能力 (19)公文寫作能力 (20)傾聽敏感性 (21)信息管理能力 (22)分析能力 (23)判斷、決策能力 (24)實施能力 (25)其他	
	需求程度	1　　2　　3　　4　　5 低　較低　一般　較高　高	

請您詳細填寫從事工作所需的各種知識和要求程度

知識內容	等級	需要程度			
如：電腦知識(例)	4	1　　2　　3　　4　　5 低　較低　一般　較高　高			

對於您所從事的工作，您認為應從那些角度進行考核，標準是什麼

考核	考核角度	考核標準

建議	您認為您從事的工作有那些不合理的地方，應如何改善	
	不合理處	改進建議

備註	您還有那些需要說明的問題
	直接上級確認符合事實後簽字
	(如不符合，請在下面空格中說明，更正)

調查表之調查項目可根據工作分析的目的而加以調整，也可設計成由工作執行者填寫和由直接上級填寫兩部份組成的調查表。這樣有利於主管對下級所填內容不夠詳盡或不準確之處進行補充和更正。關於調查目的與調查項目的大致關係詳見表 2-5-3。

表 2-5-3　調查目的與調查項目的大致關係

調查項目 目的	工作目標 活動內容	工作 責任	工作 複雜性	工作 時間	工作 強度	工作 危險性
工作描述	✓	✓		✓	✓	✓
工作設計和再設計	✓	✓	✓	✓	✓	✓
任職資格	✓		✓			
制定培訓計劃	✓		✓			✓
人力資源開發	✓		✓			
進行工作比較	✓	✓	✓	✓	✓	✓
工作績效評價	✓	✓	✓			
明確工作任務	✓	✓				

工作調查表的優點在於費用低、調查速度快、節省時間，並可以在工作之餘填寫，不致影響正常工作。同時調查範圍廣，可用於多種目的、多種用途的工作分析。缺點在於如果不對被調查者作統一說明，可能會因理解不同而產生信息誤差。另外，調查效果會因被調查者的態度配合與否而有較大差異。

四、工作面談法

面談法是以個別談話或小組座談的方式收集信息資料的方法。面談前要準備好詳細的結構化提綱，要向面談對象說明面談的目的，爭取他們的理解和支持。面談法是一種很重要的調查方法，運用面談法除了可以瞭解工作分析所需的一般信息外，更主要的是可以發揮它的特有功能：

⑴核查調查問卷的內容，討論填寫不清楚之處；

⑵瞭解工作人員的相互評價，如主管對下屬工作負荷、工作能力的評價，下屬對主管能力的評價；

⑶調查責任範圍、權限和執行情況；

⑷討論問卷中的開放性問題，使之具體化。

此種方法的優點在於可控性強，可按照提問單系統地瞭解有關問題。當對方回答不清楚時，可繼續提問，直到把問題弄清楚。如果對方採取不合作態度，可進行勸導或換人。此外，面談法還可提供觀察法無法取得的較深層次信息，如工作態度、工作動機等，同時特別適用於對文字理解有困難的人。

此種方法的不足是：

①問題回答者出於自身利益的考慮而不合作，或有意無意誇大自己所從事工作的重要性、複雜性，導致工作信息失真；

②中斷被訪者的工作，可能造成生產損失；

③工作分析者的提問可能會有主觀傾向性，對被訪者的回答有一定影響；

④面談技巧需要培訓，面談耗時較多，成本較高。

五、工作觀察法

　　觀察法是指有關人員直接到工作現場，對工作者的工作進行仔細觀察和詳細記錄，然後再作系統分析的方法。觀察往往不是一兩次就可以完成的，應在對所觀察的工作完全明瞭後才能結束。有時需要觀察者有實際經驗，也就是與工作實踐法結合起來運用。觀察應力求結構化，事先做好充分的準備，應注意做到以下幾點：

　　⑴確定觀察內容例如工作的過程、內容、行為、特點、性質、使用的設備、工具、工作環境等，為此，應準備供觀察使用的問題結構單或者工作調查單，以便記錄。

　　⑵確定觀測的時刻可選用暫態觀測、定時觀測等技術。

　　⑶確定觀察的位置選擇的觀察位置應利於觀測到工作者的全部行為且又不影響被觀察者的正常工作。

　　採用此種方法可以廣泛瞭解信息，特別是一些隱含的信息，如工作中的非正式行為、工作人員的士氣等。採用此種方法所取得的信息比較客觀和準確。

　　觀察法的局限性是不適用於工作循環週期長和以腦力為主的工作；不能得到有關任職者資格要求的信息；不易觀察到緊急而又偶然的工作。

六、資料分析法

　　資料分析法就是對現有的相關資料進行查閱、分析以有效地利用。如組織原有的工作分析資料，對於那些較為常規化的、傳統性的

工作的分析較有參考價值。崗位責任制是企業十分重視的一項制度，但是崗位責任制只規定了工作的任務和責任，沒有規定或說明該工作的其他方面，如工作流程、工作聯繫、工作環境、任職條件等，在工作分析中如果對崗位責任制稍加修改，添加一些必要的內容，就可以形成一份完整的工作說明書。

　　還可通過作業統計(如對每個生產工人出勤、產量、品質、消耗的統計)對工人的工作內容、負荷有更深的瞭解，它是建立工作標準的重要依據。人事檔案則可提供任職者的基本資料，如性別、年齡、文化程度、專業技能等。這種方法可以大大提高收集信息的效率，降低工作分析的成本。但對於資料不健全的組織，該種方法就無意義了。

七、各種方法的優劣區別

表 2-5-5　工作分析方法與工作分析目的的適應關係

目的＼方法	工作說明	考核	面試	工作評價	培訓方案設計	績效評價系統	職業生涯規劃
工作實踐法		√	√		√	√	
觀察法		√	√				
面談法	√	√	√		√		
寫實法	√	√	√	√		√	√

表 2-5-4 不同工作分析方法的比較

工作分析方法	優點	缺點	適用性
工作實踐法	可親身體驗工作要求	不適合技術性、危險性工作	簡單工作
觀察法	可多次反覆實施較為客觀	可能干擾工作獲取信息的全面性、準確性受觀察時間和觀察條件的限制	循環週期短的工作有外顯動作的工作
面談法	可控性強可深入瞭解情況	佔用工作時間被訪者可能受到對方的主觀誘導	瞭解較深層信息對文字理解有困難的人
調查表法	調查範圍廣速度快較節省時間和經費	問卷設計需一定技術會因人為的原因而產生信息誤差	需要大量而快速地收集信息
工作日誌法	方法運用得好可獲得準確且大量的信息所需費用較低	使用範圍較小整理歸納繁瑣加重員工的負擔	工作循環週期較短工作狀態穩定工作分析量小
資料分析法	有效利用原有資料提高效率，降低工作分析的成本	受資料限制：必須具備且有一定價值	對常規化、傳統性工作的分析較有參考價值

八、工作分析的評價

　　對工作分析的評價可以通過對工作分析的靈活性與成本收益的權衡來說明。工作分析越細緻，所需要花費的成本就越高。於是，在工作分析的細緻程度方面就存在著一個最優化的問題，因此有許多公司都在減少工作類別的劃分並願意進行比較靈活的描述。

　　例如通用汽車公司和豐田公司成立的合資企業——新聯合汽車生產公司(NUMMFI)，把120種不同的工作合併成4個等級技師。在這種情況下，一種工作的定義比較寬泛，做同一種工作的兩個員工的工作任務可能有很大的差別。但是，從對組織的貢獻角度講，他們創造的價值是相同的，因此得到相同的報酬。當組織的任務需求變化，需要在相同的一類工作中對員工的工作進行調整時，組織具有很強的靈活性，不需要辦理工作調轉的手續，也不需要調整員工的工資。一些日本的企業，包括東芝(Toshiba)和三菱(Mitsubishi)等就不使用工作描述，而是強調研究完成工作所需要的能力和經驗要求。這種通用性的工作描述的一個缺點是容易讓員工對組織報酬的公平性產生懷疑。一般而言，工作分析中所收集的資料越詳盡，越容易對工作之間的差別進行區分，當然成本也就越高。至於對工作之間的差別進行詳盡的描述是否值得，這將取決於組織所面臨的特定環境。

　　工作分析還有可靠性和有效性的問題。工作分析的可靠性是指不同的工作分析人員對同一個工作的分析所得到的結果的一致性和同一個工作分析人員在不同的時間對同一個工作的分析所得到的結果一致性。工作分析的有效性是指工作分析的精確性，這實際上是將工作分析結果與實際的工作進行比較。通常檢驗工作分析有效性的方法

是通過多個工作者和管理人員收集信息，並請他們在分析結果上簽字表示同意。

◀))) 第六節　工作崗位分析的實施

工作崗位分析的前期準備工作做好以後，便進入實施階段，主要解決的以下三個問題：

1.與相關人員進行溝通

工作崗位分析需深入具體到每個崗位中去。因此，在這個過程中，崗位分析人員需同大量的人員溝通，如崗位任職者、部門管理者等。他們是掌握著大量崗位信息的人員，他們的配合與否，將直接影響到職務說明書品質及將來的使用效果。

進行信息收集前，崗位分析人員與相關人員進行溝通，讓參與崗位分析的相關人員明白崗位分析的意義及目的，消除他們的抵抗心理。特別是對於一些管理基礎較薄弱的企業，對人力資源管理沒有什麼認識，對崗位分析更是不知道是做什麼的，誤以為是企業準備減員，找自己的過失等，故增加了崗位分析的難度，最終崗位分析的效果將大打折扣。

讓參與崗位分析的相關人員大致地瞭解參與該項活動的程序，他們需要做那些方面的工作及花費多長時間。事先告知崗位分析參與人員整個活動的安排，何時需要他們的配合，以方便其事先安排好時間，不至於影響其正常工作。

2.制訂實施計劃

在崗位分析準備階段制定的實施方案，僅構建了一個大致的輪

廓。在具體的實施過程中，還需進一步制訂出更詳細的操作計劃。

　　這份計劃應包括具體每一階段的時間安排、工作任務安排、調查的樣本及對象等內容。在實施過程中，可根據實際情況的變化做出相應的調整。

3.收集相關信息

　　信息的收集工作是崗位分析過程中最為核心的階段。在按照既定的計劃實施的同時，需注意不同性質的崗位應採取不同的方法展開信息的收集工作，同時把收集到的相關信息轉化成書面文字，以便開展下一階段的工作。

步 驟 三

工作崗位的工作設計

🔊 第一節　工作設計的功能

　　工作設計的時候，每一位基層工作人員所負主要責任一般是 2～5 項。因為是基層工作人員，所以只承擔一部份責任。如果是中層工作人員，如部門課長、辦公室主任、下屬單位負責人等，這些人的工作職責一般是 5～10 項。高層管理人員，例如企業總經理、副總經理、總監等，承擔的主要責任一般是 8～12 項。

　　這是一個大致數目，如果基層工作人員分工的時候，已經承擔了 8 項或者 10 項主要責任了，增加責任承擔起來有困難，這時可能需要劃分為兩個崗位。中級人員，如果負責的工作超過了 15 項，負擔可能很重，需要加設一名副經理。高級人員也是這樣。按照這個原則劃分，就能符合最低數量的原則，使每一個崗位、每一個人承擔的職責最合適，而且企業所付出的代價最低。

一、工作設計的內容

工作分析與工作設計之間有著密切而直接的關係，二者皆與〈工作崗位說明書〉有密切關係。工作分析的目的是明確所要完成的任務以及完成這些任務所需要的人的特點；而工作設計之目的是明確工作的內容和方法，明確能夠滿足技術上和組織上所要求的工作與員工的社會和個人方面所要求的工作之間的關係。

因此，工作設計需要說明工作應該如何做才能既最大限度地提高組織的效率和工作生產率，同時又能夠最大限度地滿足員工個人成長和增加個人福利的要求。工作設計的前提是對工作要求、人員要求和個人能力的瞭解。

二、工作的性質

工作方式對人力資源管理具有重要影響，工作會影響到員工的收入和福利及其自我實現感。同時，企業將工作內容組織為工作的方式也會影響到組織服務其客戶的能力，而員工工作的成果則會影響到組織的財務狀況。從理論上講，工作的性質的決定因素有：組織所使用的技術、企業的經營戰略和企業的組織結構。總之，組織的條件決定工作的性質。工作的性質包括：

1. 工作的內容

這包括兩種形式，一是工作所包含的需要員工完成的特定任務、員工的義務和責任；二是工作要求的員工的行為。

2.完成工作所需要的資格條件

資格條件包括完成工作所需要的員工的技能、能力、知識和經驗。這些資源條件對員工招聘、任用、制定報酬標準和制定員工培訓計劃具有重要意義。

3.完成工作的收益和獎勵

員工從工作中得到的收益和報酬包括外在報酬和內在報酬兩種形式。外在報酬是指工資、福利、晉升、表揚和舒適的工作條件等具體的報酬形式。內在報酬是指自我成就感、工作的自由度和工作的自主性等不容易被觀測到的報酬形式。

工作設計是指把工作的內容、工作的資格條件和報酬結合起來，目的是滿足員工和組織的需要。可以說，工作設計是能否激勵員工努力工作的關鍵環節。工作設計方法包括科學管理方法、人際關係方法、工作特徵模型方法、優秀業績工作體系、輔助工作設計方法等。

第二節　工作設計的適用方法

一、科學管理的方法

泰勒的科學管理原理是系統設計工作最早的方法之一，其理論基礎是亞當‧斯密提出的職能專業化。泰勒的目標是管理者以比較低的成本使工人生產出更多韻產品，提高工作效率，因此可以給工人支付比較高的報酬。

泰勒的基本方法是工作簡單化，把每項工作簡化到其最簡單的任務，然後讓員工在嚴密的監督下完成它。按照科學管理方法進行工作

設計的基本途徑是時間—動作研究，即工程師研究和分析手、臂和身體其他部位的動作，研究工具、員工和原材料之間的物理機械關係，研究生產線和工作環節之間的最佳次序，強調通過尋找員工的身體活動、工具和任務的最佳組合來最大化生產效率。時間—動作研究的基本目的是實現工作的簡單化和標準化，以使所有員工都能夠達到預先確定的生產水準。這樣設計出來的工作的優點是工作安全、簡單、可靠，最小化員工工作中的精神需要。

　　儘管泰勒的科學管理原理是一套系統化的工作設計的原理，但是許多經理人員錯誤地應用了這些原理，他們過於強調嚴密的監督和僵硬的標準。必須將機器和員工結合在一起才能產生效果，而高效率的機器也並不一定產生高效率的人機關係。由於這種工作設計方法在實踐中重點關心的是工作任務，而很少考慮工人的社會需要和個人需要，產生了很大的副作用。這包括工作單調乏味、令人厭倦，只需要手臂而不需要頭腦；工作缺乏成就感，對工作不滿，工作的責任心差，管理者和工人之間產生隔閡；離職率和缺勤率高，怠工和工作品質下降。

　　與工作簡單化相對立的是工作擴大化。工作擴大化的目標也是效率，其優點是減少任務之間的等待時間，提高組織的靈活性，減少對支援人員的需要。迄今為止，科學管理原理對工業社會的工作設計仍然具有很大的影響，在對教育水準外人判斷和決策活動要求比較少的加工製造行業的工作中應用非常廣泛。

　　人際關係運動是對科學管理運動的非人性傾向的一個否定。人際關係運動從員工的角度出發來考慮工作設計，其起點是 20 世紀 20 年代的霍桑實驗。在美國西方電器公司霍桑工廠進行的這項實驗的最初目的是研究工作條件的變化對工作生產率的影響，而最終得出的結診

卻是採光、通風和溫度等工作環境的變化對生產率的影響沒有工人之間的社會關係重要。研究人員發現工人自發地構成工作環境，建立標準並在他們中間實施制裁。因此，設計出支援性的工作群體是提高員工工作動力和生產率從而實現組織目標的關鍵。品質圈（quality circles）和其他的工人參與管理的項目就是人際關係運動思想在當代的應用。

人際關係思想在工作設計中運用的方法是在按照傳統方法設計出來的枯燥的工作內容中增加管理的成分，增加工作對員工的吸引力。這種方法強調工作對承擔這一工作的員工心理的影響。儘管按照科學管理方法設計工作為組織和員工都帶來了利益，但是隨著時間的推移，人們發現員工需要從工作中得到的不僅僅是表現為經濟利益的外在報酬，他們還需要體驗表現為工作的成就感和滿足感的內在報酬。

內在報酬只能來自工作本身，因此，工作的挑戰性越強，越令人愉快，內在報酬也就越強。而在傳統的工作設計方法中，工作的標準化和簡單化降低了員工工作的獨立性，只需要低水準的技能，易產生枯燥而單調的工作限制了員工內在報酬的獲得。根據人際關係哲學提出的工作設計方法包括工作擴大化、工作輪調和工作豐富化等內容。

1. 工作擴大化(job enlargement)

工作擴大化的做法是擴展一項工作包括的任務和職責，但是這些工作與員工以前承擔的工作內容非常相似，只是一種工作內容在水平方向上的擴展，不需要員工具備新的技能，所以，並沒有改變員工工作的枯燥和單調。赫茲伯格（F. Herzberg）批評工作擴大化是「用零加上零」。

2. 工作輪調 (job rotation)

工作輪調是讓員工先後承擔不同的，但在內容上很相似的工作。其本意是不同的工作要求員工具有不同的技能，從而可以增強員工的內在報酬，但是實際上效果非常有限。因此，赫茲伯格批評工作輪調是「用一個零來代替另一個零」。

3. 工作豐富化 (job enrichment)

所謂的工作豐富化是指在工作中賦予員工更多的責任、自主權和控制權。工作豐富化與工作擴大化、工作輪調都不同，它不是水平地增加員工工作的內容，而是垂直地增加工作內容。這樣，員工會承擔更多的任務、更大的責任，員工有更大的自主權和更高程度的自我管理，還有對工作績效的回饋。工作豐富化在工作設計中的影響很大，並已在此基礎上形成了一個非常著名的工作特徵模型。

二、工作特徵模型方法

工作特徵模型方法的理論依據，是赫茲伯格的保健激勵理論。按照這一理論，公司政策和薪酬等都屬於保健因素，如果這些因素沒有達到可以接受的水準，將引起員工不滿和不理想的員工行為。相反，如果這些因素達到了可以接受的水準，也只是使員工沒有不滿，但是並不能對員工產生激勵作用。能夠對員工產生激勵作用的激勵因素是員工的成就感、責任感。因此，關鍵的問題是提供充分的保健因素以防止員工的不滿，同時提供大量的激勵因素來促進員工努力工作。

赫茲伯格為了應用其理論，設計了一種工作豐富化方法，即在工作中添加一些可以使員工有機會獲得成就感的激勵因數，以使工作更有趣，更富有挑戰性。這一般要給員工更多的自主權，允許員工做更

多有關規劃和監督的工作。通常工作豐富化可以採取下述措施：

1.組成自然的工作群體，使每個員工只為自己的部門工作，這可以改變員工的工作內容。

2.實際任務合併，讓員工從頭到尾完成一項工作，而不是只讓他承擔其中的某一部份。

3.建立客戶關係，即讓員工盡可能有和客戶接觸的機會。

4.讓員工規劃和控制其工作，而不是讓別人來控制，員工可以自己安排工作進度，處理遇到的問題，並且自己決定上下班的時間。

5.暢通回饋渠道，找出更好的方法，讓員工能夠迅速知道其績效情形。

工作豐富化的核心就是激勵的工作特徵模型。根據這一模型，一個工作可以使員工產生三種心理狀態：即感受到工作的意義、感受到工作結果的責任和瞭解工作結果。這些心理狀態又可以影響個人和工作的下述結果：內在工作動力、績效水準、工作滿足感、缺勤率和離職率。而引致這些關鍵的心理狀態的是工作的某些核心維度：技能的多樣性、任務的完整性、工作任務的意義、任務的自主性和回饋。工作特徵模型認為我們可以把一個工作按照它與這些核心維度的相似性或者差異性來描述，於是，按照模型中的實施方法豐富化了的工作就具有高水準的核心維度，並可以由此而創造出高水準的心理狀態和工作成果。

在實施方法中，任務合併指的是將現在的零散的任務結合在一起，形成一個新的更大的工作模塊。構造自然工作單位指的是給員工提供一種「當家做主」的感覺，使他們能夠為一個範圍更大的可以識別的工作機構負責。建立各戶關係指的是鼓勵並積極創造條件使員工能夠與客戶建立起直接的聯繫。縱向分配工作指的是將原來由較高層

次的管理人員掌握的控制權和承擔的責任下放到工作中。建立回饋渠道指的是提供辦法使員工完成任務之後能夠瞭解自己的績效情況。

工作特徵模型強調員工與工作之間的心理上的相互作用，並且強調最好的工作設計應該給員工以內在激勵。其基本方法是工作豐富化，目標是員工的滿意度。這種方法的優點是認識到員工社會需要的重要性，可以提高員工的動力、滿意度和生產率；但是其缺點是成本和事故率都比較高，控制還必須依賴管理人員，而且在技術上對工作設計沒有多少具體的指導意義。

事實上，人們對工作特徵模型的研究表明，這一理論的實際效果是不明確的，還無法肯定這一理論所強調的工作特徵的變化一定會產生該理論所預期的效果。其原因可能是：由於只有高度重視並期望個人成就的員工和對組織的報酬、安全感和人際關係感到滿意的員工，才會對具備上述五個特徵的工作作出積極的反應。但是，這一條件經常是不具備的，還需要指出的是，豐富化並不是適用於所有的工作，因為並不是所有員工都願意承擔豐富化的工作。不過，一般來說，遵守下列工作豐富化原則可以取得比較好的效果：

1.員工績效低落必須是因為激勵不足。如果績效低落是因為生產流程規劃不當或者員工訓練不足，工作豐富化就沒有意義。

2.不存在其他更容易的改進方法。

3.保健因數必須充足。如果薪水、工作環境和領導方式等方面讓員工不滿，工作豐富化也不會有意義。

4.工作本身應該不具有激勵潛力。如果工作本身已經足夠有趣，或者已經具有挑戰性，實施工作豐富化就不值得。

5.工作豐富化必須在技術上和經濟上可行。

6.工作品質必須很重要。工作豐富化的主要收益通常在於工作的

品質，而不在於工作的數量。

7.員工必須願意接受。有些員工不需要也不希望承擔富有挑戰性的工作，他們就喜歡單調枯燥的工作，而把興趣寄託在 8 小時之外。

三、優秀業績工作體系法

所謂優秀業績工作體系是將科學管理哲學與人際關係方法結合起來的一個工作設計方法。這一模型的特點是同時強調工作社會學和最優技術安排的重要性，認為工作社會學和最優技術安排相互聯繫、相互影響，必須有效地配合起來。

在優秀業績工作體系中，操作者不再從事某種特定任務的工作，而是每位員工都具有多方面的技能，這些員工組成工作小組。工作任務被分配給工作小組，然後由小組去決定誰在什麼時候從事什麼任務。工作小組有權在既定的技術約束和預算約束下自己決定工作任務的分配方式，他們只需要對最終產品負責。工作小組的管理者的責任不是去設計具有內在激勵作用的工作，而是建立工作小組，確保小組的成員擁有完成工作所需要的資格；同時小組的目標與整個組織的目標相一致。這意味著工作小組的管理者是一個教練和激勵者，當然，管理者必須使小組在組織中擁有足夠的權利，並對小組實施領導。這種工作設計方法特別適合於扁平化和網路化組織結構。傳統的工作設計方法與優秀業績工作體系之間的區別可以概括為表 3-2-1。

表 3-2-1　傳統方法與 HP 工作設計方法的比較

		傳統方法	優秀業績工作體系
職位	值班經理	監控運行、組織資源	確立長遠目標、確保資源
	操作者	獨立工作、強調單一技能的操作任務	最小組的一部份完成大量工作,包括操作、技術支援、改進和管理
	技術專家	獨立工作,執行技術工作,支援運行	充當小組的顧問、教師和教練
工作設計要素	人	把緊湊的一組工作分配給個人	與他人協調,利用小組完成相互聯繫的活動
	決策	通過命令與控制的層級制度管理生產過程	授權小組制定關係加速週轉和改進技術決策
	信息	只給員工需要知道的信息	及時向小組全體成員發佈所有信息供決策參考

　　優秀業績工作體系非常重視員工自我管理和工作小組的運用。工作小組是由兩個或多個員工組成的一個工作群體,小組中的各個員工以獨立的身份相互配合以實現特定的共同的目標。

　　工作小組可以是暫時的,也可以是長期的,可以是半自治的,也可以是自我管理的。工作小組可以由具有相同技能的員工組成,也可以由具有不同技能的員工組成;工作小組可以包括管理者,也可以沒有管理者。但在工作小組中,通常需要有一個主管來處理紀律和工作中的困難。

　　早在 1911 年,泰勒就指出,工人不願意告訴自己的同事他們的工作業績不合格。因此,泰勒採用管理者來承擔管理的責任。但是,宣導優秀業績工作設計體系的人們認為可以通過把傳統的工作小組轉化為自我管理的工作小組來克服這一問題。這種轉化需要三個步

驟：第一，技能多元化，即讓每位員工學習和掌握其他的操作活動。第二，建立自我支持的工作小組，即每位小組成員能夠自己尋找方法來改進生產技術而不再需要等待外部專家。第三，建立自我管理的小組，即小組成員監控客戶的需要，並決定每天提供的產品和服務。工作小組可以自己安排假期、選擇小組成員、評價小組內部每位員工的工作業績。

四、工作設計的方法

所謂輔助性的工作設計方法指的是縮短工作週和彈性工作制。雖然它們沒有改變完成工作的方法，因此從根本上講還不是工作設計，但是它們改變了員工個人工作時間的嚴格規定，並在實際上也產生了促進生產率的作用，所以可以把它們作為輔助的工作設計方法。

1. 縮短工作週

縮短工作週是指員工可以在 5 天內工作 40 個小時，典型的情況是每週工作 4 個 10 小時工作日。一般是錯開工作時間，使得在所有傳統的工作日都有員工工作。縮短工作週的優點是每週員工開始工作的次數減少，缺勤率和遲到率下降，有助於經濟節約。員工在路上的時間減少，工作的交易成本下降，工作的滿足感提高。縮短工作週的缺點是工作日延長使工人感到疲勞並可能導致危險，員工在工作日的晚間活動受影響。實行縮短工作週的企業與實行傳統工作週(5 天×8 小時)的企業在聯絡時會發生時間上的障礙。研究結果發現，4 天×10 小時工作週只有短期效果。

2. 彈性工作制

彈性工作制的典型做法是：企業要求員工在一個核心時間期間

(如上午 10 點到下午 3 點)必須工作，但是上下班時間由員工自己決定，只要工作時間總量符合要求即可。彈性工作制的優點是員工可以自己掌握工作時間，為實現個人要求與組織要求的一致創造了條件，降低了缺勤率和離職率，提高了工作績效。彈性工作制的缺點是每天的工作時間延長增加了企業的公用事業費用，同時要求企業有更加複雜的管理監督系統來確保員工工作時間總量符合規定。彈性工作制雖對企業的生產率沒有明顯的影響，但卻能使員工得到利益。目前美國實行彈性工作制的企業越來越多，特別是工作比較獨立的專業人員。

最後需要指出的是，在現實中許多企業並不進行專門的工作設計，而是假設人們對如何組織工作內容有一種先驗的看法，同時在勞力市場上可以招聘到現成的合格員工來承擔這一工作。這種方法利用了已經經過了時間檢驗的各種工作任務、責任和所需要的技能以及工作內容之間的聯繫。這種方法強調的是各種工作在不同的組織之間的共性和相似之處，按照決定工作內容的流行做法來決策。這種方法大大簡化了招聘、選擇和補償決策，而且也可以和員工進入組織之前的期望和市場通行的商業教育與培訓相互協調。對許多組織而言，這種簡單的工作設計方法還是可行的。

每個組織使用的工作設計方法都可能不同，在一個組織中，也可以對不同層次的員工和不同的工作類別，實行不同的工作設計方法。而且，一個組織可以使用一種工作設計方法，也可以同時使用幾種工作設計方法。

第三節　工作設計標準流程

工作崗位的設計標準如下：

(1)職能分解

①根據企業的組織結構設置，明確各部門的職能；

②編制各部門的職能分解表；

③將分解表提交上級審批。

(2)初步崗位設計

①各部門根據部門職能分解表及各自的職能，提出本部門所需崗位的具體任職要求；

②根據經匯總分析的各部門提出的崗位要求，對各部門的職責進行進一步劃分；

③根據劃分結果初步設置崗位；

④將初步崗位設計方案提交人力資源總監審核。

(3)正式崗位設計

①分析、研究討論結果；

②編制正式的崗位設計方案；

③將崗位設計方案提交上級審批；

④根據崗位分析結果，編制崗位說明書；

⑤崗位說明書內容包括崗位描述和任職資格要求，其中，崗位描述包括崗位設置目的、基本職責、組織結構圖、業績標準、工作權限等；任職資格要求包括該崗位的行為標準，勝任該崗位所需的知識、技能、能力、個性特徵及人員培訓需求等；

⑥崗位說明書編制流程。

⑷人員配置

①確認崗位說明書已呈相關上級權限審批;

②根據崗位設計方案及崗位說明書,配置相應崗位的人員;

③人員配置與各職能部門調整共同完成。

圖 3-3-1 崗位設計流程圖

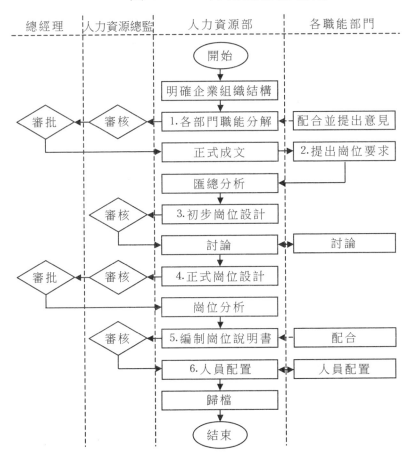

第四節　工作分析中的員工恐懼

員工恐懼是工作分析執行過程中經常遇到的一類問題。員工由於害怕工作分析會對其已熟悉的工作環境帶來變化或者會引起自身利益的損失，而對工作分析小組成員及其工作採取不合作甚至敵視的態度。

一、員工恐懼的原因

對員工的恐懼而言，主要表現在以下幾個方面：

首先，工作分析的減員降薪，是員工恐懼產生的先天性原因。員工通常認為工作分析會對他們的就業、工作內容、工作權力和責任、薪酬水準等造成威脅，因此對工作分析產生恐懼之情。而他們之所以會有這種觀念，是因為長久以來，工作分析一直是企業減員降薪時經常使用的一種手段。在過去，企業由於外部環境惡化，或者內部戰略變革、組織結構調整等原因，需要對員工工作結構、工作內容等進行調整，甚至減少員工數目，對員工薪資作出相應調整。但如果不對員工說明原因，員工也會認為這是企業毫無道理的行為。或者即使管理者說明了原因，員工也會認為，只是管理者為辭退員工或降低薪水所找的一個自認為合理的藉口。

其次，測量工作負荷和強度，也是員工恐懼產生的現實原因。為了加重員工工作負荷，企業也經常使用工作分析。歷史中不乏這樣的例子。例如，在著名的霍桑實驗中，實驗者發現員工在工作中一般不

會用最高的效率從事工作，而只是追從團隊中的中等效率。從而他們總結出員工不僅僅有經濟方面的需求，更有團隊歸屬需求，因此他們只會跟從本團隊中的「中位數」。而且，員工認為，管理者始終存有這種想法，即員工總是喜好偷懶的，所以自己保持中位數水準的工作效率，管理者會增加其工作強度至較高的水準。但如果自己的工作效率太高，上級也還是會再增加自己的工作強度，那麼自己可能就達不到管理者所要求的水準，因而會給管理者造成自己不努力工作的印象。員工由於擔心自己的工作將會太辛苦，從而對工作分析產生恐懼之情，也是情理之中的。

員工恐懼的表現形式，對工作分析會產生較大的影響，具體表現在對工作分析的實施過程、工作分析結果的可靠性及工作分析結果的應用三個方面。

首先，對工作分析實施過程的影響。由於員工害怕工作分析對自己的現存利益造成威脅，因此會產生對工作分析小組的工作的抵觸情緒，不支持其訪談或調查工作，從而使工作分析實施者收集工作信息的工作難以進行下去。

其次，對工作分析結果可靠性的影響。因員工固有的觀念認為工作分析是為裁員和增效減薪而實施的，所以他們即使提供給工作分析專家有關於工作的信息，這些信息也有可能是虛假的。而工作分析專家在這些虛假信息的基礎上對工作所作出的具體分析，很難說是正確的，最終產生的工作分析結果——職務說明書和工作規範的可信度也值得懷疑。

對工作分析結果應用的影響。試想一下，企業運用這些在虛假信息基礎之上形成的工作分析結果會產生什麼樣的嚴重後果？如果在員工的培訓中，根據這些不符合實際的職務說明書和工作規範中有關

員工知識、技術、能力的要求而安排培訓計劃，那培訓項目很可能並不能為公司帶來預想的成效。如果採用這些虛假信息進行績效評估，那評估結果的真實性和可信性也值得深究。甚至，如果再根據此評估結果對員工進行獎懲、升降等，會打擊高效率員工工作的積極性，而且會強化那些工作原本不怎麼出色的員工的某些不利於公司發展的行為。

二、解決方法

企業或者工作分析專家想要更為成功地實施工作分析，就必須首先克服員工對工作分析的恐懼，從而使其提供真實的信息。一個較為有效的解決方法就是，盡可能將員工及其代表納入到工作分析過程之中。

首先，在工作分析開始之前，應該向員工解釋清楚以下幾方面的內容：

1. 實施工作分析的原因；
2. 工作分析小組成員組成；
3. 工作分析不會對員工的就業和薪水福利等產生任何負面影響；

三、ATMB 公司工作分析調查問卷填寫說明

為做好 ATMB 公司工作分析調查問卷填寫工作，現將問卷調查的流程、填寫注意事項等說明如下：

1. 收到調查問卷的員工要認真、如實地填寫問卷內容，在問卷的基本情況欄和最後一頁簽上自己的名字，完成後交各部門主管進行審

核，各部門主管審核無誤後，將調查問卷交 ATMB 公司工作分析小組辦公室，工作分析小組辦公室再根據已收集的資料進行覆核。

2. 各部門主管在將調查問卷發放到指定的填寫人手中時，要向他們介紹工作分析的目的和意義，督促他們認真填寫，並對他們在填寫過程中不清楚的地方予以解釋、指導。要向填寫人說明，此次工作分析和問卷調查所要瞭解的是其所擔任的崗位的工作內容及必須具備的任職資格，而不是其本人的工作內容或資格。各部門主管不要過多干涉填寫人回答問卷，儘量保持填寫的獨立性。

3. 調查問卷的填寫期限是 5 個工作日，填寫人在填寫完後，上交到部門主管處，請各部門主管對其進行審核，檢查是否有漏填或理解錯誤的地方，審核無誤後在問卷最後一頁處簽上自己的名字。各部門主管審核的期限是 1 個工作日，請在第 6 個工作日內將部門的調查問卷上交到 ATMB 公司工作分析小組辦公室。

公司工作分析訪談提綱

1. 你目前的職位名稱是什麼？簡稱是什麼？

2. 你的直接上級的職位名稱是什麼？簡稱是什麼？

3. 你工作的目標是什麼？工作的最終結果是什麼？

4. 你工作的主要職責有那些？你是否有不清楚的地方？你覺得有那些本不應該是你的工作？你覺得它應是那些職位的工作？

5. 你的工作程序是怎樣的？有不合理的地方嗎？應如何改進？

6. 你的工作處於怎樣的工作流程中？他們是如何銜接的？有不合理的地方嗎？如何改進？

7. 你有那些下屬（這個問題主要針對科級幹部和中層幹部）？他們的職位是什麼？你經常和那些下屬有直接聯繫？你是否需要具備

和下屬同樣的專業技術知識和工作背景？

8. 你的工作和那些部門、那些職位聯繫較多？與外單位的其他部門有聯繫嗎？如果有，和那些外單位有聯繫？是如何聯繫的？

9. 你的工作有考核嗎？如果有，、有那些考核指標？標準是什麼？這些標準是由誰制定的？由誰來考核你的工作？你認為有不合理的地方嗎？該如何改進呢？

10. 你的工作地點在那裏？是室內還是室外？如果都有，大約各佔多少比例？室內是否有冷氣？照明情況、雜訊情況如何？通風條件如何？你對現在的工作環境是否感到滿意？有什麼改進意見？

11. 請問你工作中經常使用什麼設備、工具？還需添置新的設備、工具嗎？

12. 你認為擔任本職工作所需的最低學歷是什麼？

13. 你認為擔任本職工作所需的資歷是什麼？在下一級職位上需工作多長時間？是否需要在其他相關職位上工作？如果需要，要多長時間？

14. 你覺得擔任本職工作應該具備那些基本能力？

15. 你認為擔任本職工作需要那些專業技術知識？

16. 你認為擔任本職工作需要那些方面的培訓？為了跟上業務的發展，還需要那些前沿的培訓？

17. 你認為擔任本職工作需要那些證書或執照？

18. 你的工作對身體有什麼要求嗎？對情緒和腦力的要求是如何的？

19. 你認為擔任本職工作還需要那些特殊要求或條件？

20. 請問對本次工作分析活動有那些建議？

步驟四

工作崗位的工作規範

工作規範又稱職位規範或任職資格，是指要勝任該項工作對任職者在教育程度、工作經驗、知識、技能、體能和個性特徵方面的最低要求，而不是最理想的任職者的形象。

🔊 第一節　工作規範的內容

一般情況下，工作規範是依據管理人員的經驗判斷而編寫的，當然也可以使用比較精確的統計分析法來做。工作規範常常是工作說明的重要組成部份。

一、工作規範的含義

例如護士的工作規範(如表 4-1-1 所示)，在其工作說明中，對其資格和身體要求的描述可為她的日常工作提供一種規範。另外，這

類信息在招聘和選拔過程中也非常有價值。

表 4-1-1　護士的工作規範

職位		護士	編號	
部門		護士部	核定日期	
上報		護士長	分析者	
工作責任	(略)			
資格	教育	正規護士學校畢業生		
	工作經歷	關鍵護理要求有一年的醫療或外科護理經驗(有特殊護理經驗者優先,應屆畢業生可考慮非重要職位)		
	證書要求	持有註冊護士證書		
	身體要求	1. 能夠屈體、運動或幫助轉運 50 千克以上的重物 2. 能在 8 小時值班中站立或行走 80%以上的時間 3. 視力和聽力敏銳		

二、工作規範的制定

　　工作分析資料單所包括的技能、體力等內容,是編制工作規範的信息的主要來源。

　　在準備制定工作規範時,應當詳細地瞭解技能和要求。由於工作規範必須涉及工作的實際信息,因此工作規範應包括工作分析與工作評價中的資料。例如,對於「經驗」,分析員要決定究竟要多少經驗,應當判斷該工作要求最少的經驗。

　　必須認識,準備工作規範是工作評價的第一步,為了得到工作評價的各項因素信息,下列因素應予以考慮:技能與經驗、教育與智力、責任。腦力、體力、個性、領導能力、指導能力、勤奮、效率及特殊條件等。

　　(1)經驗：指對工作者要求具有一定時間的經驗，至於要求多少和什麼經驗以及學習工作技能所需要經驗等，都必須在規範中清楚地說明。

　　(2)教育：這項因素一般包括普遍正規的學校教育、專門訓練以及其他專門研究等。

　　工作規範中的教育因素應考慮到工作者在某些企業裏學到的專門技能和知識。例如，使用圖紙、量具及工廠數學。在教育因素中，判斷學習專門技術的課程所需的時間。

　　(3)對機器、設備、工具、產品及材料的責任：這個項目包括材料、機器、設備等實際可能由工人產生的損失。

　　(4)對其他職工工作的責任：此項包括在管理方面對其他職工所負的責任和訓練工人的責任。

　　(5)對其他職工安全所負的責任：這包括對工人安全教育和避免災傷所負的責任。

　　(6)才能：此項很難說明，例如為了發明，要求在工作中改進方法，然而在同樣工作中，也許要求設計得到工作最佳效果。

　　(7)腦力、視力及體力：此項根據事實來說明。

　　(8)環境與危險：這些因素也應簡單說明。根據事實可決定這些因素的程度和水準，二者都要考慮到工人實際的情形。還有，由於工作不當而產生的危險和嚴重災傷，都必須考慮。

　　工作分析員應從不同角度來審核工作規範和工作說明書相互的關係，從中找出有關技能和體力的線索。從工作說明書中，可以搜集到編寫工作規範有用的資料，例如：工人所用的材料及其掌握的方法，也許需要某項工作的知識，而這種知識則必須在工作規範中詳加說明。同樣，在工作說明書中所列的測量裝置，也許是工作規範中工

作所用測量儀器和技術知識範圍的線索。因此，在編制工作規範遇到疑問時，應審查工作分析資料，它是工作說明書可靠的信息來源。

工作評價手冊也可能用來幫助審核工作規範的信息完全與否。工作分析員在編制工作規範時，應將工作規範中特定因素和工作評價手冊中相應因素的內容相比較，如果工作評價手冊中有不完備之處，應加以修改。

工作規範的格式不象工作說明書那樣嚴格、正式，因為工作規範的目的是要供給專門的和詳細的資料，而不是工作的全部圖畫。一般來說，制訂工作規範格式的標準，大致如下：

(1)應有明確的直接的說明和計分；

(2)避免用修飾和複雜的詞句；

(3)主題是操作工作的工人；

(4)必須作正面的專門的說明；

(5)工具、機器、設備及測量裝置應作詳細、明確的說明；

(6)對工作名稱和其他部門等必須確切說明。

在評價一項工作時，評定者有時在工作規範中發現或考慮一些事實未被列入，這時就應考慮也許需要修改工作規範。即使工作規範中實際信息是完全的，評定者也可對工作規範項目進行說明和解釋，或對有關重點與方法提出建議，也可能評定者不同意工作規範制定者對於各因素的說明、判斷及評價，希望修改工作規範。

三、工作規範的內容

工作規範中提到的〈個人必須具備的完成任務和責任的素質水準〉，都編在工作說明書當中。工作規範特別包含兩個方面：工作所

需的技能和工作對員工的體能要求。

與工作相關的技能包括知識或經驗、特殊培訓、個人性格或能力以及動手能力。

工作的體能要求是指工作時走、立、抓、舉、說的程度，還包括體力工作的環境條件和可能會涉及的有害物體。

1. 體能素質

(1) 身體素質

身體素質是從事體力或腦力勞動所需要的能力，包括身高、體型、力量大小、耐力以及身體健康狀況等。表 4-1-2 列舉了 9 種基本的體能，表 4-1-3 是對身體體能的量化表，表 4-1-4 是某工作崗位的體能要求。

表 4-1-2　9 種基本的體能

序號	力量因素	解釋
1	動態力量	在一段時間內重覆或持續運用肌肉力量的能力
2	軀幹力量	運用軀幹部肌肉(尤其是腹部肌肉)以達到一定肌肉強度的能力
3	靜態力量	產生阻止外部物體力量的能力
4	爆發力	在一項或一系列爆發活動中產生最大能量的能力
5	廣度靈活性	盡可能遠地移動軀幹和背部肌肉的能力
6	動態靈活性	進行快速、重覆地進行關節活動的能力
7	軀體協調性	軀體不同部位同時活動時相互協調的能力
8	平衡性	受到外力作用時，依然保持軀體平衡的能力
9	耐力	當需要延長努力時間時，保持最高持續性的能力

表 4-1-3　身體能力的量化舉例

能力-任務項目	平均值	標準差
舉起貨箱蓋	6.15	1.26
推開一扇門	3.30	1.10
舉起飯廳的一把椅子	1.40	0.07

表 4-1-4　體能要求

	工作姿勢	站立 15%		走動 25%		坐 60%
視覺	範圍	1　　　小	2	3	4	5　　　大
	集中程度	0%　　　60%		100%		
	說明					
精力	緊張程度	1　不緊張	2	3	4	5　非常緊張
	發生頻率	1　低	2	3	4	5　高
體力消耗		1　小	2	3	4	5　大

(2)心理素質

　　包括視覺、聽覺等各種感覺、知覺能力，例如辨別顏色、明暗、距離、大小細節等能力，辨別音調、音色及分辨語聲的能力，辨別氣味的能力等；記憶、思維、語言、應變能力；興趣、愛好、性格等個性特點等。下面介紹幾種心理素質的衡量方法：

　　①計分法。這種方法一般首先把操作活動所涉及的心理素質歸納為多種（一般為 25～30 種），然後通過談話和問卷調查等手段，為某

一崗位的每種能力用 5 點量表計分(也可用 7 點或 11 點),5 點計分標準如表 4-1-5 所示。表 4-1-6 是用 5 點計分法衡量建築工人必備心理素質的示例。

表 4-1-5　計分操作標準

計分	含義
1	不需要這種能力
2	不大需要這種能力
3	可以考慮
4	比較需要
5	非常需要

表 4-1-6　計分式的任職資格

五點尺度					
1	2	3	4	5	心理能力
					氣力
					握力
					耐力
					控制力
					堅持力
					手指靈巧
					手眼協調
					手眼足協調
					方向、形狀、大小一致
					視覺靈敏度
					顏色辨別力
					聽力靈敏度
					記憶力
					數字計算靈活性
					機械設計瞭解
					注意力集中
					注意力分配
					判斷力
					情緒穩定

②文字表達法。這種方法側重於用文字來描述崗位工作對任職者心理素質的具體要求(見表 4-1-7)。文字表達法具有突出重點、分析細緻的優點。

表 4-1-7　電話鈴調整工人的心理素質要求說明書(節錄)

	心理素質	主要用途
視覺方面	· 對物體差異的感受性(小於 1 毫米) · 對很小距離的目測(1 毫米或小於 1 毫米)	· 用於發現鈴蓋的缺口、壓痕、飛邊、砂眼 · 用於確定發現鈴鐘在鈴蓋開槽上的位置、鈴軸的拋光和磁鐵標的大小是否一致
聽覺方面	· 音色的差異感受性 · 在 0.1 秒內對聲音長度差別的感受性 · 音色、音長、音高、音強和打擊速度差別的聽覺記憶	· 用於確定鈴聲的音質 · 用於傾聽鈴鐘敲打的單位數,以確定鐘的位置是否正確 · 用於傾聽鈴鐘敲打的單位數,以確定鐘的位置是否正確
觸覺方面	· 對應力細微差別的感受性 · 對肌肉的用力程度和手指、手腕經過細微距離的運動的記憶	· 用於確定接觸片自然轉動的程度,在消除間隙時是否撐開支撐輪緣 · 用於迅速把握和記憶肌肉的用力程度和手指、手腕通過的很短的距離
協調方面	· 雙手協調 · 手指細小動作的協調 · 注意力集中	· 用於裝配所有零件 · 在撐開時把電樞固定在磁鐵上、把鈴鐘裝置在螺絲上時 · 在傾聽音樂時,必須把鈴聲與一切無關雜訊區別開來
其他工作品　性	· 沉著、細心 · 工作時肯幹 · 勤勞、認真 · 責任心強	· 適用於所有工作環節 · 適用於所有工作環節 · 適用於所有工作環節 · 適用於所有工作環節

它的缺點在於缺乏衡量，無法對所需的心理特徵，而進行量化分析。

③表格法。即用表格的形式來描述某崗位對任職者所要求的素質、各種素質的重要性、訓練時間和原因等內容。表格法既突出重點，注意對任職者中心素質和中心能力的分析，也注意用定量的方法來分析問題，因而是一種較受歡迎的心理素質衡量法。但在進行各種崗位之間的比較時，表格法不如計分法直觀。

表 4-1-8　紡織工人的心理素質（節錄）

素質	程度								對於何種操作是必要的
	必要性			需要		訓練			
	很有必要	必要	有說明	希望	經常	有時	高度	低度	不需	
迅速認出不引人注目、照明很差或較遠的對象		○			○				○	發現結頭、斷線及織物上的小孔
用觸覺發現不明顯的不平滑處				○	○				○	用手感檢查織線是否平滑
認出和區別主要顏色				○		○	○			織彩布料的工作
估計很短的時間間隔			○			○			○	織機停止，在紗管盡頭找緯紗線
認出稍偏離規定的形狀			○			○			○	織布時發現引線、緯紗線偏離

2.知識要求

知識要求指勝任本崗位工作應具有的知識和知識水準，包括一般文化修養、專業知識水準等。它由以下 6 項組成：

⑴學歷要求。根據本崗位工作的知識含量，確定本崗位的最低學歷要求。

⑵專門知識。勝任本崗位工作要求具備的專業理論知識與實際工作經驗。如掌握所使用機器設備的工作原理、性能、構造，掌握加工材料的特點和技術操作規程，掌握使用、調整某一設備的技能和使用某種工具、儀器、儀錶的能力等。

⑶政策法規知識。即具備的政策、法律、規章或條例方面的知識。

⑷管理知識。應具備的管理科學知識或業務管理知識。

⑸外語水準。因專業、技術或業務的工作需要，對一種或兩種外語應掌握的程度。

⑹相關知識。本崗位主體專業知識以外的其他知識。

知識要求可採用精通、通曉、掌握、具有、懂得、瞭解 6 級表示法來進行評定。

3.能力要求

事實上，許多工作所要求的技能是相同的。也就是說，儘管有些工作可能需要一系列非常獨特的技能，但不可能每項工作都需要。因此，可以合理地假設可從 50～60 個技能中挑選 12～15 個技能作為某項工作的技能要求，其中大多數是相類似的，可能只有一個或兩個是獨特的、專門適用於該項工作。

難點在於確定技能與何種特點的工作相匹配，確定那些技能對工作是需要的、那些技能是重要的。下面對一些能力進行具體的闡述。

⑴理解判斷能力。對有關方針、政策、文件指令、科學理論、目

標任務的認識與領會程度，對本職工作中各種抽象或具體問題的分析、綜合與判斷能力。

⑵組織協調能力。組織本部門開展工作以及與有關部門人員協同工作的能力。

⑶決策能力。從整體出發，對方向性、全局性的重大問題進行決斷的能力。

⑷開拓能力。對某一學科、業務或工作領域進行研究、開發、創新、改革的能力。

⑸社會活動能力。為開展工作在社會交往、人際關係方面所具有的活動能力。

⑹語言文字能力。包括語言理解與文字表達兩個方面。在撰寫論著、文章、起草文件、報告、編寫計劃、情況說明、業務記錄，講學，演說，宣傳方面，應具有文字和口頭語言表達能力。

⑺業務實施能力。在具體貫徹執行任務的過程中，處理工作業務、解決實際問題的能力。

表 4-1-9　語言文字能力的量化表舉例

能力-任務項目	平均值	標準差
理解導航圖	6.28	0.75
理解某種遊戲的說明	3.48	1.09
理解麥當勞漢堡廣告	1.17	0.06

4.工作經驗

工作經驗是指勝任崗位工作所必需的經歷，一般指從事該工作應具有的工作年限、從事低一級職位的經歷以及從事過與該工作相關的職位工作的經歷(如表 4-1-10 所示)。對工作經歷的分析，一般採用

定量分析法。

表 4-1-10 工作經歷分析表

等級	時間範圍	分值
1	1 年以下的學徒（見習期）	5
2	有本崗位 1～3 年的工作經驗	10
3	有本崗位 3～5 年的工作經驗	15
4	有本崗位 5～10 年的工作經驗	20
5	有本崗位 10 年以上工作經驗	25

5.職業道德

從職人員除了必須遵守法律和具有一般公德外，還應具有職業所需要的職業品德（或職業倫理）（work ethic）。管理者應具備誠信、公正、敬業、規範、尊重與自尊等品質，教師要熱愛學生、教書育人，銷售人員要童叟無欺、待顧客如上賓，財務保管人員要公私分明、非己之物分毫不佔。

第二節　工作規範的方法

工作規範的內容，可以使用經驗判斷法或統計分析法加以表現，說明如下：

一、經驗判斷法

所謂經驗判斷法，就是根據主管和人力資源管理人員的判斷來編

寫工作規範的方法。他們用這種方法編寫出工作規範,以給出「要做好這一工作,工作承擔者需要具備何種受教育程度、智力和培訓」這一問題的答案。

對於每一種工作,都經由工作分析人員和職業顧問就它們對從業人員的要求用以下的字母來表示:G(智力,intelligent),V(語言表達能力,verbal),N(數字能力,numerical),S(空間想像能力,spatial),P(理解力,perception),Q(辦事能力,clerical perception),K(運動協調能力,motor coordination),F(手指靈活能力,finger dexterity),M(手動靈活性,manual dexterity),E(手-眼-腳協調性,eye-hand-foot coordination),C(顏色分辨能力,color dissemination)。

這些要素的等級反映了目前各種不同工作職位的績效水準對任職者所具有的每一類特點或能力的不同要求。

二、統計分析法

如果工作規範建立在統計分析基礎之上,那麼對企業而言就最具有自我辯護力,但是要更麻煩一些。簡單地說,使用統計的方法主要說明下列兩者之間的關係:其一,顯示人員特點的一些預測指標,如身高、智力或手指靈活度等;其二,表示工作績效的一些表現指標或標準(例如主管人員所評定的績效等級)。

這一過程包括以下五個步驟:

⑴對工作進行分析並確定如何對工作進行績效評價。

⑵挑出能夠作用於績效水準的那些個人特徵,如手指靈活度等。

⑶測試工作候選人身上的這些特徵。

⑷衡量這些候選人實際工作以後的工作績效。

⑸對人員特徵(手指靈活度等)與工作績效之間的關係進行統計分析。這一步的目的就是要確定前者對後者是否有預測作用。

按照這種方法，就可以將工作對於人員特點的要求用統計的方法確定下來。

相比較而言，統計性方法比判斷性方法更具有辯護力。這是因為如果不能確定某些人員特點與工作績效的高低是有關係的，那麼法律將會禁止企業在招聘員工時將這些人員特點作為篩選依據。如果存在以性別、種族、宗教、原居住國或年齡為依據的直接或間接的歧視，那麼必須有證據說明它們確實能夠反映出績效方面的差別，而這通常需要統計上的效度分析。

🔊 第三節　工作規範的範例介紹

工作規範的內容較為簡單，主要涉及對崗位人員任職資格條件的要求。工作規範是在工作描述的基礎上，解說什麼樣的人員才能勝任本崗位的工作，以便為企業員工的招聘、培訓、考核、選拔、任用提供依據。

表 4-3-1　人力資源經理的工作規範例子

崗位	人力資源經理	編號	
部門	人力資源部	核准日期	
直接上級部門	總經理	分析人員	
體格要求	①年齡：25～40 歲 ②性別：不限 ③身高：女性 1.55～1.70 米，男性 1.60～1.85 米 ④體重：與身高成比例，在合理的範圍內就可 ⑤視力：必須能夠看清電腦螢幕、數據報告和其他文件 ⑥聽力：必須能夠足以與同事、員工和顧客交流，參加各種會議無障礙 ⑦健康狀況：無殘疾、無傳染病 ⑧外貌：無畸形，出眾更佳 ⑨聲音：普通話發音標準，語音和語速正常		
知識和 技能要求	①學歷要求：管理專業或相關領域本科畢業或同等學歷，大專以上 ②工作經驗：3 年以上大型企業工作經驗 ③專業背景要求：曾從事人力資源管理工作 2 年以上 ④英語水準：達到四級水準 ⑤電腦：熟練使用 Windows 和 MS Office 系列		
特殊才能要求	①語言表達能力：能夠準確地與部門主管交流工作情況；能夠進行人力資源的規劃和預測；能夠準確、清晰、生動地向應聘者介紹企業情況，並準確、巧妙地解答應聘者提出的各種問題 ②文字表達能力：能夠準確、快速地將希望表達的內容用文字表達出來，對文字描述很敏感 ③工作認真細心，能認真保管好各類招聘材料 ④有較好的公關能力，能準確地把握同行業的招聘情況		
其他要求	①能夠隨時準備出差 ②不可請 1 個月以上的假期		

表 4-3-2　銷售部經理的工作規範例子

崗位名稱：銷售部經理	
學歷	大學本科或以上
工作經驗	在大型企業從事銷售工作 5 年以上
生理要求	①年齡：26～40 歲 ②性別：男女不限 ③身高：男性 1.60～1.85 米，女性 1.55～1.70 米 ④聲音：普通話發音標準、語音和語速正常 ⑤健康狀況：無嚴重疾病，無傳染病，能勝任辦公室工作，有時需要走動和站立，平時以說、聽、看、寫為主
心理要求	一般智力：A　　理解能力：A　　知識域：A 觀察能力：B　　學習能力：A　　數學計算能力：A 集中能力：B　　解決問題能力：A　　語言表達能力：A 記憶能力：A　　創造力：A　　性格：外向 氣質：多血質或膽汁質 興趣愛好：喜歡與人交往，愛好廣泛 態度：積極，樂觀　　事業心：十分強烈 合作性：優秀　　領導能力：卓越
心理要求標準	A：全體員工中在排名前 10%（以總經理為 100 分），即 90 分以上，下類同 B：70～89 分 C：30～69 分 D：10～29 分 E：9 分以下

表 4-3-3　信息部主任的工作規範例子

崗位名稱	信息部主任			直接上級	情報系統經理
定員	1 人			所轄人員	10 人
分析日期	2002 年 4 月			核准時期	

	因素	細分因素	等級	限定資料	
資格要求	知識	教育	6	具備硬體、軟體方面的知識，4 年制工商管理和信息處理技術方面的證書	
		經驗	6	5 年以上信息處理、各種程序編制的實際經驗	
		技能	8	必須在信息處理的方法、系統設備方面有很高的技能，並有處理人際關係的良好能力	
	解決問題能力	分析	5	具備分析評估技術理論方面和人力資源管理方面的能力	
		指導	4	把複雜的任務轉化為可理解的指令和程序	
		溝通	6	能使用簡練的語言或專業術語交流技術	
	決策能力	人際關係	5	具有廣泛的人際交往能力	
		管理	4	接受一般監督，能在複雜的環境中指導下屬履行信息處理系統的技術職能	
		財務	4	有 1 萬元以下的財產處理權和 1 千元以下的現金處理權，並在此權限內參與計劃和控制	

步 驟 五

工作崗位的工作職位說明書

工作職位說明書是對崗位工作的性質、任務、責任、環境、業績標準以及對崗位工作人員的資格條件的要求所做的書面記錄，它是根據工作分析的各種調查資料，並對其加以整理、分析、判斷所得出的結論、編寫成的一種書面文件。

第一節　職位說明書的作用

工作職位說明書是表明企業期望員工做些什麼、員工應做什麼、應怎樣做和在什麼樣的情況下履行職責的匯總。

一、職位說明書的作用

1. 為招聘員工提供依據

工作說明書裏已經確定了崗位的任職條件，任職條件是招聘工作

的基礎，招聘工作應該依照任職條件來挑選人員，不滿足任職條件的人，不應該使用。如果不得不用則只能降格使用，例如工資等級要下降，或者職務要略微下降。

　　某公司招聘人力資源部的人事培訓專員。在工作說明書的任職條件一欄中已經明確要求：學歷大學本科以上，工作經驗要求 3 年以上，大中型企業或者外資企業相關崗位的工作人員。只有符合這樣的條件，公司才會錄用這名應聘者來擔任人力資源部的這個工作。另外，要求應聘者具有什麼知識、要求瞭解那些業務範圍，在任職條件中都會有明文規定，具體招聘的時候，只要照章辦事即可。

　　工作說明書將作為員工錄用以後簽訂的工作合約的附件。企業決定錄用應聘者後，這名新員工應該承擔什麼樣的責任以及要負責至何種程度，這些問題也已經事先在工作說明書裏約定好了，企業不需要對新員工重覆說明。

　　新員工被錄用以後，工作說明書可以作為入職培訓的教材。新員工在被錄用以後，一般企業要進行一次入職培訓，其目的為：讓員工瞭解公司的概況、組織結構、基本規章制度，明確自身的職責。

2. 員工教育與培訓的依據

　　對員工進行培訓是為了滿足崗位職務的需要，有針對性地對具有一定文化素質的員工進行崗位專業知識和實際技能的培訓，完備上崗任職資格，提高員工勝任本崗本職工作的能力。根據工作說明書的具體要求，對一些任職條件不足，但其他方面優秀、符合公司急需人才要求的員工進行教育和培訓。提升其本身的素質，最後使其達到工作說明書的任職要求。

　　某公司在招聘一名銷售主管的時候，發現一名應聘者銷售經驗非常豐富，但是他的學歷達不到招聘的要求。負責招聘的人力資源部經

理覺得非常可惜，破例將他錄用。本來準備讓他當銷售部經理，但由
於其任職條件欠缺，所以先讓他擔任銷售部副經理。在接下來的一段
時間，公司針對其學歷不高的特點，送他去大學進修，彌補學歷上的
不足。經過一段時間的考察，等他自身素質有了提高、符合職位要求
時，公司便將他提升為銷售部經理。

3.對員工進行目標管理

在對員工進行目標管理設計的時候，依據工作說明書所規定的職
責可以很清晰、明確地給員工下達目標，同時也便於設計目標。

目標管理是現代企業管理的一種最有效的辦法。給員工下達目標
的憑據就是工作說明書中規定的職責。例如給人力資源部的培訓專員
下達的目標是培訓的指標，而不能下達薪酬管理的指標。由此可見，
工作說明書是目標管理的一個基本依據。

在工作說明書中，具體某個項目有幾項職責、目標應該下達給誰
都有非常清楚的說明。因此，負責目標管理的主管應該隨時查閱工作
說明書，以便更明確、有效地對員工進行目標管理。

4.績效考核的基本依據

⑴工作說明書確定了崗位職責

在績效考核的時候，只有通過查閱工作說明書。才會知道崗位有
那些職責，才能去考核在這個崗位上工作的員工是不是盡職盡責、是
不是完成了工作目標。假如在員工的工作說明書中根本就沒有某一職
責，就不能拿這一職責來考核員工，因為他不需要承擔這樣的責任。
所以，工作說明書在績效考核工作中起著很大的作用，也是績效考核
的一個基本依據。

⑵工作說明書確定了職責範圍

工作說明書明確地確定了某一項職責的範圍是全責、部份還是支

持，很清楚地劃分了員工的職責。當某一項工作沒有完成或出現問題時，責任十分清楚。

(3)工作說明書確定了考核內容

工作說明書與績效考核的標準應該是一致的，即不能工作說明書寫的是一個樣，考核標準是另一個樣。

5.為企業制定薪酬政策提供依據

直接決定薪酬的是工作評價，所以工作說明書所提供的評價依據是間接的。工作評價是企業薪酬政策的基本依據，整個薪酬體系需以工作評價為支撐性資料。而工作評價的基礎是工作分析和工作說明書，如果沒有工作說明書、工作內涵分析、員工規格分析等資料，就無法進行工作評價。因此，從根本上說，工作說明書為企業制定薪酬政策提供了重要的依據。缺少了工作說明書，企業制定薪酬政策是很困難的。

人力資源管理中一項非常重要的工作是人力資源開發，就是通過一些措施使員工的素質和積極性不斷提高，最大限度地發揮員工的潛能，為企業做更大貢獻。員工的晉升與開發，離不開人事考核。人事考核是以員工為對象，以工作說明書的要求為考核依據，通過對員工德、能、勤、績等方面的綜合評價，判斷其是否稱職，並以此作為任免、獎罰、報酬和培訓的依據，促進「人適其位」。因此，工作說明書也為這項工作提供了一個依據。

綜上所述，工作說明書有很多重要的作用。可以看出，工作說明書是一種非常重要的基礎性的文件，所以應該做好工作說明書的編制工作，而且將工作說明書作為一種檔案長期保存起來。

二、工作說明書的內容

工作說明書（也稱為工作崗位說明書）是關於工作是什麼以及工作任職者具備什麼資格的一種書面文件。這種信息包括兩部份，即工作描述（關於工作任職者實際在做什麼、如何做以及在什麼條件下做的一種書面文件）和工作規範（關於工作執行人為了圓滿完成工作所必須具備的知識、能力和技術）。

大多數的工作說明書都包括以下 7 項內容：工作標識；工作概述；工作聯繫、職責與任務；工作權限；工作績效標準；工作條件；工作規範。

1. 工作標識

工作標識部份包括工作名稱、部門、彙報關係和工作編號。一個好的工作名稱，很接近工作內容的性質，並能把這項工作與其他工作區別開來。但令人遺憾的是，工作名稱常使人產生誤解。一個組織裏的行政秘書（Executive Secretary）可能只是一位薪酬較高的辦事員，而具有同樣工作名稱的人在另外一個公司裏則可能是實際經營企業的人。

如表 5-1-1 所示，工作說明書中的工作標識部份包括了這樣幾類信息：「工作名稱」一欄對工作的名稱（例如數據處理操作主管、銷售經理或庫存控制員等）加以明確。「工資等級」一欄表明在組織中存在工作等級分類的情況下，此工作處於那一等級，例如，一家公司將秘書分為秘書二等、秘書三等等。最後，「工資範圍」部份提供工作的特定工資水準或工資範圍方面的信息。

表 5-1-1　工作說明書的工作標識部份

工作名稱	辦公室主任	直接上級職　　位	經理	所屬部門	辦公室
工資等級	7	工資範圍	30000～40000元	分析日期	
轄員人數	4～10 人	定員人數		工作性質	公務管理
分析人員		批准人			

2.工作概述

　　工作概述又叫做工作綜述，描述工作的總體性質，因此只列出工作的主要功能或活動即可。

　　對於數據處理操作主管這一工作來說，其工作概述可以描述為：「指導所有的數據處理的操作，對數據進行控制以及滿足數據準備方面的要求。」

　　對於物料經理這一工作來說，其工作概述可以描述為：「負責生產線上所需要的所有材料的購買、規範性運輸以及存儲和分配。」

　　對於郵件收發管理員這一工作來說，其工作概述可描述為：「負責接收寄來的郵件，對其進行適當的分類，然後準確地遞送到收件人手中；還負責處理待寄出的郵件，要求準確、及時地把它們發送出去。」

　　某企業人力資源經理的工作綜述為：「綜合管理公司人力資源、行政和總務，協調各部門的關係，對公司經營狀況進行常規分析，主持各種計劃與規章制度的編制並負責監督實施，同時負有管理、指導和培訓本部門員工的責任。」

　　在工作概述中應力圖避免出現如「執行需要完成的其他任務」這樣籠統的描述。雖然這樣的描述可以為主管人員分派工作提供更大的

靈活度，如果一項經常可以看到的工作內容沒有明確寫進工作說明書，而只是用像「所分配的其他任務」一類的模糊語言，就很可能會成為逃避責任的一種託辭，因為這使得對工作的性質以及員工需要完成的工作的敍述出現了漏洞。

3.工作聯繫

工作聯繫說明工作承擔者與組織內以及組織外的其他人之間的聯繫情況，可以人力資源經理為例加以說明。

⑴報告工作對象：行政副總裁。

⑵監督對象：人力資源職員、考試管理員以及一個秘書。

⑶工作合作對象：所有的部門經理和行政管理人員。

⑷接觸的公司外部人員：就業機構、管理人員代理招聘機構、工會代表、政府就業辦公室以及各種公司客戶等。

有的工作說明書把工作聯繫併入工作標識中，有的則分開，應視具體情況而定。

工作說明書的另外一部份是關於工作職責和工作任務的詳細羅列。在工作說明書中，每一種工作的主要職責都應當列舉出來，並用一到兩句話分別對每一項任務加以描述。例如，「挑選、培訓、開發下屬人員」這一任務可進一步定義為：「培養合作和相互理解精神……」「確保工作群體成員得到必要的專門訓練……」以及「對培訓工作進行指導，包括教育、說明、建議……」等。其他一些工作的典型任務包括維持收支平衡和控制庫存，精確地編制帳戶，維持一種有利的購買價格浮動區間，修理生產線上的工具和設備等。表 5-1-2 是一份工作任務的內容表格。

表 5-1-2　人力資源總監的工作任務的內容

編號	工作任務的內容	權限	工作規範號	消耗時間(%)
1	綜合處理公司的各種文件、資料		01～101	
2	公共關係		01～102	
3	人員招聘與錄用		01～201	
4	員工考核		01～203	
5	勞工合約與工作爭議管理		01～204	
6	員工保險與福利管理		01～205	
7	薪資管理		01～206	
8	公司發展規劃、年度計劃的擬定		01～402	
9	公司規章制度的實施修改		01～401	
10	公司經營狀況的常規分析		01～403	
11	財務報表審核		01～404	

4.工作權限

　　工作說明書還應當界定工作承擔者的權限範圍，包括決策的權限、對其他人實施監督的權限以及經費預算的權限等。例如，工作承擔者有權批准購買 500 元以下的物品，有權批准員工請假或缺勤，有權對部門內的人實施處罰，有權建議提薪，有權進行新員工的面談和僱用等。例如，經營副總經理的管理權限為「受總經理的委託，行使對公司行銷業務工作的指導、指揮、監督、管理的權力，並承擔執行各項規程、工作指令的義務，在財務上享有 3 萬元以下的審批權」。

5.工作績效標準

有些工作說明書中還包括工作績效標準的內容。這部份內容說明企業期望員工在執行工作說明書中的每一項任務時所達到的標準是什麼樣的。設定工作績效標準並不是一件容易的事情。大多數的管理人員都已經意識到，僅僅告訴下屬員工「要盡最大努力工作」並不能保證員工達到最優的工作績效。確定績效標準的一個最為直接的方法是只要把下面的話補充完整就可以了：「如果你……我會對你的工作完全滿意。」如果對於工作說明書的每一職責和任務都能按照這句話敘述完整，那麼就形成了一套完整的績效標準。一般來說，工作的績效標準列在工作任務中，但也有例外。因為任務的描述相對不確切，為了提高工作說明書的可操作性，將工作績效標準單列出來是非常必要的。

表 5-1-3　工作績效標準

職位	任務
財務會計	將應付賬款準確過賬 ①對同一個工作日內收到的發貨票要在當天過賬 ②對於收到的所有收據都必須在收到收據的第二天之前送交負責的部門經理簽字認可 ③平均每月發生記賬失誤不得超過 3 次 ④每月的第 3 個工作日結束時必須平衡總賬
生產組長	完成每日生產計劃 ①生產群體每一工作日所生產產品不低於 536 個單位 ②在下一工作程序被拒絕的產品平均不得超過 1% ③每週延時完成工作的時間平均不得超過 2%

6.工作條件

工作說明書還要列明工作中所包含的一般工作條件，例如溫度、雜訊水準、光線強度等。有些工作說明書還要標明特殊的工作環境，如高山、露天場所等。

表 5-1-4　工作說明書的工作條件部份

	工作場所	室內 80%，室外 20%，特殊場所＿＿＿＿＿＿＿%			
危險性	危害程度	外出具有危險性			
	發生頻率				
	其他				
職業病	名稱	說明			
工作時間	一般工作時間	1　　　2　　　3　　　4　　　5 均衡　　　　　　　　　　　　不均衡			
	主要工作時間	白天			
		晚上	備註	加班時間少	
		不確定			
	工作均衡性	1　　　2　　　3　　　4　　　5 均衡　　　　　　　　　　　　不均衡			
	環境	1　　　2　　　3　　　4　　　5 均衡　　　　　　　　　　　　不均衡			

7.工作規範

工作規範是指任職者從事該工作所應具備的知識和能力，即任職資格。它主要涉及專業與學歷(文化程度及所學專業)、年齡、相關經歷(經歷與經驗)、品性、能力、基本技能、知識要求、其他特殊條件等方面。

表 5-1-5　工作說明書的工作規範部份

所需最低學歷	小學畢業		初中畢業	高中畢業
	職業高中		專業	
	中等專科			
	大學專科			行政管理與企業管理專業
	大學本科			
	其他		說明	

所需技能培訓	不需要		熟練期：＿＿＿＿＿＿月	
	3 個月以下		培訓科目	①秘書學
	3～6 個月			②公共關係學
	6 個月至 1 年			③法律及財會知識
	1～2 年			
	2 年以上			

年齡與性別特徵			適應年齡：＿＿＿＿＿			適應性別：＿＿＿＿＿					
經驗	①從事秘書工作兩年②從事一般法律事務工作兩年③從事勞資工作兩年④從事總務後勤工作兩年⑤有 3 年管理者經驗										
一般能力	項目	激勵能力	計劃能力	人際關係	協調能力	實施能力	信息管理	公共關係	衝突管理	組織人事	指導能力	領導能力
	需求程度	4	4	4	4	4	3	3	3	3	3	3
興趣愛好	項目										
	需求程度										
個性特徵	項目	責任心	情緒穩定	支配性							
	需求程度	5	4	4							

職位關係	可直接升遷的職位：副總經理
	可相互轉換的職位：總經理助理
	可升遷至此的職位：總務管理、辦公室主任助理

例如,企業人力資源管理方案涉及的具體任職資格如下:

⑴總公司的各部門總經理、分公司總經理一般性任職資格要求:本科以上相關專業畢業,5 年以上相關管理工作經驗,具有高級職稱,30 歲以上,具有較強的溝通、組織、協調能力,會使用電腦常用工作軟體,較高的外語水準等。

⑵總公司部門下屬各室經理、分公司各室經理一般性任職資格要求:專科以上相關專業畢業,3 年以上相關管理工作經驗,具有中級以上職稱,25 歲以上,具有一般性溝通、組織、協調能力,會使用電腦常用工作軟體,外語水準一般等。

第二節　職位說明書的編制

一、職位說明書的編制步驟

工作說明書是對工作進行分析而形成的書面資料,它的撰寫形成步驟如下:

1. 工作信息的獲取

⑴分析企業組織現有的資料。流覽企業組織已有的各種管理制度文件,並和企業組織的主要管理人員進行交談,對組織中開發、生產、維修、會計、銷售、管理等職位的主要任務、主要職責及工作流程有個大致的瞭解。

⑵實施工作調查。充分合理地運用工作分析方法,如觀察法、面談法、關鍵事件法、工作日誌法等,開展工作分析,盡可能全面地獲得該工作的詳細信息。這些信息包括工作性質、難易程度、責任輕重、

所需資格等方面。

2.綜合處理工作信息

這一階段的工作較為複雜，需要投入大量的時間對材料進行分析和研究，必要時，還需要用到諸如電腦、統計分析等分析工具和手段。

⑴對根據文件查閱、現場觀察、面談及關鍵事件分析得到的信息，進行分類整理，得到每一職位所需要的各種信息。

⑵針對某一職位，根據工作分析所要搜集的 7 個方面的信息，進行分類整理，得到每一職位所需要的各種信息。

⑶工作分析者在遇到問題時，還應隨時與公司的管理人員和某一職位的工作人員進行溝通。

3.工作說明書的文字撰寫

⑴召集工作分析所涉及的全體人員，並給每位分發一份說明書初稿，討論根據以上步驟所制定的工作說明書是否完整、準確。討論要求仔細、認真，甚至每個詞語都要反覆斟酌。工作分析者應認真記下大家的意見。

⑵據討論結果，最後確定一份詳細的、準確的工作說明書。

⑶最終形成的工作說明書應清晰、具體、簡短扼要。

4.在應用中改進工作說明書的內容

既然工作說明書那麼重要，一旦它被確定並且被公佈出來以後，是否還能對它的內容進行更改呢？工作說明書不是一成不變的，它應該隔一段時間進行一次修訂，而且這種修訂應該和企業的人力資源規劃結合在一起，這就是通常所說的規範化管理的系統性。

企業在 3 年或者 5 年範圍內，應該重新制定一次企業的發展戰略。對於傳統的制造型企業和生產型企業，一般 5 年調整一次；對於一些高新技術企業，技術進步特別快，產品更新換代、市場形勢的變

化也特別快，可能經過 2 年或者 3 年就需要重新調整或者制定企業的
發展戰略。

　　企業應根據企業發展戰略的調整、企業組織結構的變化、崗位的
變化來重新修訂工作說明書，這個時間應該基本上與企業發展戰略制
定的時間相吻合。如果說每一年有小的變化，就應該做一些微調，例
如某個人的崗位職責會減少幾項，另外一個人的崗位職責可能會增加
一兩項。這項工作由人力資源部主持，和相關的部門研究決定，研究
以後要進行總的調整。

二、職位說明書的編寫欄位

1. 職位名稱和上、下級關係的編寫

　　職位名稱要統一，確保職位名稱要與前一部份「職位設置」中的
名稱一致。

　　每個職位只能有惟一的一個上級，不能有多個上級，但可以有多
個下級；在填寫下屬人員一欄的內容時，還要註明是直接主管還是間
接主管。

2. 職務概述

　　職務概述是用簡明的話語對某一崗位的總體工作職責和工作性
質進行的簡要說明，表明了該崗位的特點和工作的概況。

3. 職位目的

　　在「職位目的」一欄中，主要說明設置這個職位的目的及完成該
職位的工作對實現組織戰略和目標的意義。

4. 工作職責

　　每個職位的責任範圍，應根據本職位所在的部門或單位的職能分

解來確定。一個部門經理通常要對本部門的全部職能負責，而下屬的一個職員可能只對本部門的某幾項職能負責。通常認為部門經理級的人員其責任範圍應在 8～12 項左右，一個下屬職員的責任範圍應在 4～8 項左右。

每個職位的工作職責按照負責程度的大小可分為：全責、部份、支持三種。全責是指本職位要對該項任務負全部責任。部份是指本職位對該項任務只負一部份責任。支持是指本職位對該項任務負支持或保障的責任。

5.公司內外部溝通關係

在職位說明書中，要明確本職位在公司內外部的溝通關係。

在公司內部要明確它與公司內部的其他職位——上級、平級之間的溝通關係。在公司外部要明確它與社會上的其他單位——相關政府部門，上、下游或關聯企業，客戶企業，社會團體及學術單位等之間的溝通關係。

6.建議考核內容

在職位說明書中，除要明確本職位的責任範圍和責任程度外，還要明確某一項責任的建議考核內容。針對某項責任的考核內容一般規定為 2～3 項，而且應儘量選擇較好量化的指標，例如完成的工作量、要求完成的時間等。

7.任職資格與條件

主要從受教育程度、知識水準、工作能力和專業技能、工作經驗等方面來撰寫，如在「所受教育程度」一欄，應註明最低學歷要求與最佳學歷要求。

三、建立職位說明書工作流程的注意事項

1.取得高層主管的支持和認可

讓企業的高層主管樹立起崗位責任的意識，有利於職位說明書編寫工作的展開。

2.以符合邏輯的順序來組織工作職責

一般來說，一個職位通常有多項工作職責，在工作說明書中羅列這些工作職責的時候並非是雜亂無章的、隨機的，而是要按照一定的邏輯順序來編排，這樣才有助於理解和使用工作說明書。較常見的企業工作職責的次序是按照各項職責的重要程度和所花費任職者的時間多少進行排列，將最重要的職責、花費任職者較多時間的職責放在前面，將次要的、花費任職者較少時間的職責放在後面。

清晰而簡潔地陳述每一項職責。這樣做的目的是為了讓使用工作說明書的人能夠清楚地理解這些職責。

3.做好前期的宣傳

職位說明書的編寫是一個自上而下的過程，涉及企業各個層面。編寫職位說明書的目的就是要使員工明確自己的工作責任、作用及基本要求等，必要時編制人員應提供培訓、指導說明等，以取得全體員工的支持與參與。

4.使用規範用語

使用簡明、直接的語言。標準的崗位職責描述格式為：動詞＋賓語＋結果。賓語表示該項任務的對象，即工作內容，結果表示完成此項工作應達到的目標。

例如，某企業財務科科長的職務描述為：履行財務科職責，按時、

保質、保量地完成部門經理下達的任務；全面反映企業內部財務狀況，為企業決策提供正確的財務信息。

5.建立動態的管理機制

人力資源部應對職位說明書實行動態的管理，根據企業的變化對職位說明書做出相應的調整和更新，確保職位說明書符合企業的實際需求。

四、編寫職位說明書的五個偏失

1.崗位內容與範圍界定不清

有一天，某公司總經理發現會議室的窗戶很髒，好像很久沒有打掃過，便打電話將這件事告訴了行政後勤部負責人，該負責人立刻打電話告訴事務科長，事務科長又打電話給公務班長；公務班長便派了兩名員工，很快就將會議室的窗戶擦乾淨，過了一段時間，同樣的情況再次出現。

在這個例子中，公司在管理方面存在什麼問題？各部門職責不清。這是企業裏存在的一個比較普遍的現象，沒有透過崗位說明書實現分工。有時誰都做，有時誰都不做，績效也各不相同。

崗位說明書強調崗位邊界，並明確界定每個崗位的職責與權限，消除崗位之間的職責上的相互重疊，盡可能避免由於崗位邊界不清導致的扯皮推諉，防止崗位之間的職責真空，使組織的每一項工作都能落實。

2.職位說明書不規範，決策主觀化

崗位說明書是對崗位及員工的管理規範，很多企業沒有對工作進行系統的觀察與分析，就形成規範的崗位說明書。管理者與不同的員

工由於各自對崗位的理解與認識存在差異性，在具體工作中經常難以達成共識，進行有效的溝通與協作，員工也無法按照崗位規範的要求工作；而在此基礎上制定的績效考核、薪酬管理等人力資源政策，也因為缺乏崗位的客觀依據，難以保證公正，往往成為不能反映實際狀況的空中樓閣。

3.職位說明書形同虛設，應用領域狹窄

工作崗位管理是企業的基礎管理，崗位說明書是基礎管理文件，崗位說明書的作用在於對員工的工作提供指導，以及在人力資源其他管理領域中的應用。

很多企業的崗位說明書只是對崗位職責的簡單描述，或是用於員工招聘，然後變成資料存檔，束之高閣，影響企業管理的執行力度。

4.局限對現有崗位、現有人員進行設計

編寫崗位說明書的大部份信息，來源於對崗位現狀的分析與調研，但是崗位的設立及崗位的目標來源於組織結構、職能以及流程，因此崗位說明書如果只是對現實狀態的描述，則不能站在企業要求的高度來規劃崗位的職責、目標等內容，不能反映出企業對崗位的要求與期望的績效結果。

例如，在進行職責設計時要注意，崗位的應有職責與已有職責不同，不能以日常所做工作來定位崗位上的工作。有的企業，經常在發現有些事需要讓人做時才設立崗位或職責。

5.不知設計什麼，不知怎樣設計

有企業經常變動組織結構，經常設計部門，卻不知如何進行工作分析，如何編寫崗位說明書，以至上層一變動，下層就盲從，工作銜接不上，出現問題就找到上級主管人員出面協調、評判，工作陷於被動，也增加了管理成本。

　　崗位說明書的編寫設計不僅是有關管理者應掌握的一門知識，更是一項技能。整個編寫過程從信息的收集與統計分析，到崗位說明書的內容結構的設計，以及按照規範編寫崗位說明書文本，都需要崗位說明書對本崗位的指導作用及在其他領域的應用作用有系統的把握與瞭解，並掌握一定的編寫方法與工具，設計出體現崗位特性與組織要求的崗位說明書。

6.為編寫而編寫

　　企業認識到了職位說明書的作用，但缺乏專業的技術和培訓或者其他支援，於是各部門為了完成工作任務，便只關注職位說明書的結果或形式，這使得編制職位說明書成為一個表面工作，而最終被制定出來的職位說明書也不能發揮其相應的作用。

7.管理不及時

　　職位說明書應隨著企業的發展而相應地做出調整，否則會給人力資源的後續工作（如招聘、考核、培訓等）帶來很大的不便。

8.要注意職位描述和組織結構設計的銜接性

　　職位描述和組織結構設計、職能分解、職位設置是人力資源管理的幾個密切相關的環節，在編制職位說明書時要注意這幾項工作的一致性和銜接性。

　　⑴職位描述的根據是組織結構設計、職能分解、職位設置。

　　⑵各個職位的職責應與部門或單位的職能分解相一致。職位的職責不應該超越部門或單位的職能分解表中規定的職責。

　　⑶部門或單位裏各個職位的職責總和應與部門或單位的職能分解表中規定的職責相吻合。

　　⑷職位描述裏的職位名稱應和職位設置表中的名稱相一致。

9.對任職條件中的學歷、經驗等條件要掌握適度

對任職條件中的學歷、經驗等條件要掌握適度，不可過於苛求。表 5-2-1 中確定的原則供參考。

表 5-2-1　崗位任職資格一覽表

職位	學歷	經驗
高層管理者	本科及以上（碩士優先）	5 年或 10 年以上
中層管理者	本科及以上	3 年或 5 年以上
基層管理者	大專以上	2 年以上
一般職員或工人	高中以上	

10.職責劃分要清晰

編制職位說明書時，要將每個職位的職責劃分清晰，各個職位的職責既不能重疊，也不能留有空白。為了便於在編制職位說明書時清晰劃分職責，提出以下參考意見。

⑴部門或單位負責人的職責原則上和本部門或單位的職能分解表中的二級職能一樣。

⑵部門或單位裏的某項業務主管的職責原則上是本部門或單位的職能分解表中的二級職能中的幾項。部門或單位裏的幾個業務主管的職責原則上是本部門或單位的職能分解表中的二級職能中的全部。

⑶部門或單位裏的一般職員的職責原則上是本部門或單位的職能分解表中的三級職能中的幾項。

第三節　編寫職位說明書

一、工作職位說明書編制流程

1.工作職位說明書編制流程圖

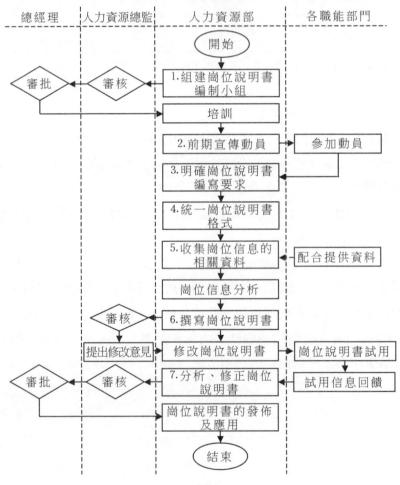

2.工作職位說明書編制的工作標準流程

(1)前期準備

①根據崗位說明書編制任務，確定崗位說明書編制小組；

②將崗位說明書編制人員名單提交上級領導審批；

③在編制崗位說明書前，應與企業高層領導進行溝通，以取得高層領導的支持；

④發佈崗位說明書編制公告，對各職能部門進行動員，以取得各部門的配合。

(2)標準確定

①各崗位說明書編制人員應統一明確崗位說明書的編制要求；

②崗位說明書的內容包括工作描述與工作規範兩個部份；

③確定崗位說明書的框架及範本；

④統一崗位說明書編寫的格式等細節問題。

(3)信息收集

①在各職能部門的配合下，透過各種管道，靈活運用多種方法收集各崗位信息的相關資料；

②獲取崗位信息的管道包括流覽企業已有的制度、進行員工溝通、收集同行業或其他相關崗位說明書等；

③崗位調查的方法主要有問卷調查法、觀察法、訪問法、關鍵事件法、工作日誌法、工作實踐法等。

(4)崗位說明書編制

①分析收集的信息，篩選出有效的、實用的信息，用以編制崗位說明書；

②崗位說明書內容包括崗位描述和任職資格要求，其中，崗位描述包括崗位設置的目的、基本職責、組織結構圖、業績標準、工作權

限等；任職資格要求包括該崗位的行為標準，勝任崗位所需的知識、技能、能力、個性特徵及人員的培訓需求等；

③將編制的崗位說明書提交人力資源總監審核；

④分析崗位說明書試用回饋信息；

⑤對崗位說明書進行修正和完善；

⑥將修正好的崗位說明書提交上級審批。

二、工作說明書的格式

工作說明書在各企業雖然種類很多，但其主要內容大同小異。其格式包括：表頭、職務說明、工作最低的需要。下面介紹兩種工作說明書的格式，見表 5-3-1，表 5-3-2。

表 5-3-1　工作說明書格式之一

工作說明書

姓名＿＿＿＿＿＿＿＿＿＿　　　　工作名稱＿＿＿＿＿＿＿＿＿＿

部門＿＿＿＿＿＿＿＿＿＿　　　　日期＿＿＿＿＿＿＿＿＿＿

一、職務的說明

　A.每天的　　　　　　B.定期的　　　　　C.偶然的

二、開始工作的最低需要：

　A.最低的文化教育程度——核對下面一個

　1.讀、寫、說，或小學

　2.初中

　3.高中

　4.專科或大學

5.研究工作或特殊科目

B.最少的經驗——核對下面一個

1.少於一月

2.一至三月

3.三月至一年

4.一年至二年

5.二年以上

三、責任：

A.別人的安全——核對下面一個

1.無

2.五人以下

3.六至十人

4.十一至十五人

5.十五人以上

B.別人的工作——核對下面一個

1.無

2.一至五人

3.六至十人

4.十一至十五人

開列工作的名稱並說明(扼要)工作任務：

_____

C.設備或程序——核對接近的價值

1.無

2. 25萬元以內

3. 26～250萬元

4. 251～1000萬元

5. 1000萬元以上

註明設備或程序的名稱：

_____

D. 物料或產品——核對接近的價值

1. 無

2. 25萬元以內

3. 26～250萬元

4. 251～1000萬元

1000萬元

以上註明物料或產品的名稱

四、努力：

A. 工作姿態所佔的百分率

立＿＿＿＿＿＿＿＿＿%　　　　　　坐＿＿＿＿＿＿＿＿＿%

爬＿＿＿＿＿＿＿＿＿%　　　　　　舉起＿＿＿＿＿＿＿＿＿%

走＿＿＿＿＿＿＿＿＿%　　　　　　其他＿＿＿＿＿＿＿＿＿%

B. 需要身體上那些條件來適當地完成任務

（力氣、高、熟練等）

五、工作狀況：

A. 規則工作的時間

B. 危險——核對下面一個

1. 機器　　　　4. 熱　　　　7. 神經緊張

2. 酸氣　　　　5. 濕　　　　8. 視覺緊張

3. 舉重　　　　6. 塵埃　　　　9. 其他

六、工作來去的部門

七、工作對誰負責

表 5-3-2　工作說明書格式之二

工廠：鐵路局　　　　　　　　現在職位：鐵路養路員

部門：鐵路養路　　　　　　　建議改良：＿＿＿＿＿

直接管理員的名稱：鐵路養路工頭

工作的普通性質

1. 在鐵路養路工頭直接管理之下，養護或裝置鐵路軌道，工作是6～15人一組。

2. 養護鐵道是用起重機將壓載物放在枕木之下，除去大訂和重鐵軌釘以修正表規，移去損壞的枕木並重新旋轉新的枕木，用起重機載運，又移去或拆去鐵軌，拔去軌道釘而另放的鐵軌，然後校正加釘。

3. 裝置新鐵軌，其工作與上同。

4. 這是一個很重的工作強度。

準確(公差)需要：

核對工作狀況	核對管理種類	核對檢查範圍
1. 內部	1. 普通的	1. 工作後即刻檢查—1
2. 外部—2	2. 直屬的—2	2. 在其他作業後
3. 不正常溫度	3. 繼續的—3	3. 100%的檢驗—3
4. 非常的聲音	4. 間歇的	4. 樣本的或當場的核對
5. 煙塵灰等	5. 書面的訓導	
6. 非常的危險(危險是從移動重鐵軌和旋轉大鏈而來) 口頭的指導		

三、工作說明書的編寫要求

　　工作說明書是企業管理的基本文件，對企業管理有重要作用。它不但可以幫助任職者瞭解其工作內容，明確責任範圍，還可以為各級管理者提供各項管理決策參考。編寫工作說明書時需注意以下幾點：

　　⑴使用淺顯易懂的文字，用語要明確，不要模棱兩可，避免含糊術語、修飾語句，專業辭彙應加註釋；

　　⑵應具體說明工作的特性，達到能與其他工作辨別，避免籠統描述和雷同化；

　　⑶一個組織的工作說明書應使用統一的格式，在格式設計上應注意整體的協調和美觀；

　　⑷工作說明書的設計要注意實用性，使讀者一目了然，且使用方便。

四、工作說明書的編寫內容

　　傳統的工作分析的結果是形成工作說明書與工作規範兩類文件。工作說明書具體描述工作特性和環境特性，而工作規範說明完成工作所需人員的個人特性。

　　工作說明書的編寫並無固定模式，可根據工作分析的目的與實際需要確定條目與格式。工作說明書一般應包括以下內容。

1. 工作辨別

　　工作辨別包括工作名稱、編號、所屬部門、等級、編寫日期等。這一項中，應特別注意工作名稱的確定要適當，這有助於系統地

為全部工作命名，並有利於各種目的的分類與分級工作。因此，應對每個工作規定標準名稱。工作名稱標準化的原則是：

⑴標準名稱應該與過去名稱類似或相同，以便於理解；

⑵名稱應簡明、扼要、易懂；

⑶名稱應顯示技術水準和管理水準。

2.工作概述

工作概述包括工作摘要和工作說明。

⑴工作摘要是對工作內容、目的、要求、範圍等作簡短描述，使讀者對這項工作有概括瞭解。

⑵工作說明須逐項說明工作任務，將工作重點、特點詳細說明；說明每項任務的權限和所佔工作時間的比率；列明此項工作最低完成的任務範圍。各項任務的排列應依照一定順序，如依照重要性或所耗費時間的多少排列。

3.工作執行

工作執行包括職責、技術領域、管理領域、設備應用、工作結果等。

⑶職責：包括對資料、人員、器物等方面的職責。

⑵技術領域：說明該工作在技術或技能方面屬於那些領域。

⑶管理領域：說明在管理上屬於那些領域。

⑷設備應用：列出工作中用到的所有工具、機器及設備。

⑸工作結果：說明工作應達到什麼目的或產品是什麼。

4.任職資格

任職資格包括以下幾項。

⑴所需最低學歷和專業方面的要求。

⑵所需技能培訓，包括培訓時間和科目。

(3)年齡與性別要求。

(4)所需經驗：指任職所必備的工作經歷，如從事某個行業、某類業務的時間等。

(5)能力要求：對於管理、行政、技術人員與作業人員的能力要求有較大不同，應注意根據工作類型設置能力項目，並說明每項能力的要求程度。而能力的概念較為抽象，用「需要、比較需要、不需要」這樣的詞語表述容易雷同，用數字等級加事例的方式是一種不錯的選擇，表 5-3-3 就是這樣的表述方式。

表 5-3-3　能力表述示例

能力	能力等級							舉例
	弱			中			強	
計劃能力	1	2	3	4	5	6	7*	制定集團的經營發展計劃
組織能力	1	2	3	4	5	6*	7	組織部署董事會、集團的決定
協調能力	1	2	3	4	5	6	7*	與集團總部內各有關部門及各專業公司協調經營發展
口頭表達	1	2	3	4	5	6*	7	口頭協調、溝通、宣傳、推動企業發展的各種策略
文字表達	1	2	3	4	5*	6	7	批准各類報告、編寫經營大綱

(6)興趣愛好與個性特點：說明該工作所需要任職者具備的興趣愛好和個性特點；

(7)升遷途徑：說明由此職位可直接升遷的職位、可轉換的職位及可升遷至此的職位，以使任職者明瞭職業發展的道路。

5.體能需求

體能需求包括工作姿勢、所用的身體器官和精力、體力消耗等。

此項對於作業人員要詳細地說明。

6.工作場所

工作場所包括工作場所類別、地點、工作條件、危險性、防護設備等。

五、職位說明書範例

工作說明書可採用敍述式或表格式。敍述式主要是用文字表述工作說明書的內容，適用於行政、管理等職位；表格式是詳細列出工作說明書的各項內容，然後用符號或簡短詞語表示。這種形式適用於體力勞動的職位。

表 5-3-4 　　述式工作說明書範例

部門	辦公室	職等	七	職位	辦事員	職系	行政管理

工作內容：負責公司人事及總務管理事項

1. 人員招募與訓練

2. 人事資料登記與整理

3. 人事資料統計

4. 員工請假、考勤管理

5. 人事管理規章草擬

6. 人員任免、調動、獎懲、考核、薪資等事項辦理

7. 勞工保險、退保與理賠事宜

8. 文體活動與員工福利事項辦理

9. 員工各種證明書的核發

10. 文具、設備、事務用品的預算、採購、修繕、管理

11. 辦公環境安全及衛生管理工作

12. 公司文書、信件等的收發事宜

13. 書報雜誌的訂購與管理

14. 接待來訪人員

職務資格：

1. 專科畢業，曾任人事及總務工作2年以上

2. 高中畢業，曾任人事、總務工作6年以上

3. 現任分類職位7職等以上

4. 具有高度服務精神、善於處理人際關係者

5. 男性為佳，女性亦可

表 5-3-5　表格式工作說明書範例

職稱	職系	工資等級	工資水準	定員	所屬部門	分析日期	分析人

工作描述		工作執行人員的資格條件		
工作概要		智力條件	執行工作條件	需求程度
			基礎知識	
			作業知識	
工作時間	正常班(實際工作時間__小時)		規劃能力	
	早到(約_____分)		注意力	
	加班(約_____小時/週)		判斷能力	
	輪班(_____)		語言能力	
工作姿勢	坐(____%)　　立(____%)		領導能力	
	走動(____%)　蹲、彎腰(____%)		控制能力	
工作程序及方法		(____%)	身體條件	體力
		(____%)		運動能力
		(____%)		手眼配合能力
		(____%)		效應
工作環境	分類	程度	身體疲勞程度	
	溫度		精神疲勞程度	
			熟練期	
	濕度		經驗	同類工作　　年
	粉塵			相關工作　　年
	異味			1　　年
	污穢			2　　年
	噪音			3　　年
	危險性			4　　年
使用設備：			備註：	

六、職位說明書可參考表格

職位說明書有固定的內容組成模塊，所以職位說明書的編寫有相
應的範本。這裏給出兩種範本，供參考。

表 5-3-6　職位說明書範本一

單位		職位名稱		編制日期	
部門		任職人		任職人簽字	
		直接主管		直接主管簽字	
任職條件	學歷：				
	經驗：				
	專業知識：				
	業務瞭解範圍：				

職位目的：

溝通關係：

内部

外部

下屬人員		人員類別	
人數：＿＿＿人		經理：＿＿＿人	
直接：＿＿＿人		專業人員：＿＿＿人	
間接：＿＿＿人		其他：＿＿＿人	

職責範圍	負責程度	建議考核內容	佔用時間
按重要順序依次列出每項職責及其目標	全責/部份/支持	考核指標	100%
1.			
2.			
3.			
4.			

表 5-3-7 職位說明書範本二

單位		職位名稱		編制日期	
部門		任職人		任職人簽字	
		直接主管		直接主管簽字	
		直接下屬		間接下屬	
職位編號		說明書編號		批准日期	
職位概要					
任職條件	學歷/專業				
	必備知識	專業知識			
		外語要求			
		電腦要求			
	工作經驗				
	業務瞭解範圍				
	能力	能力項目		能力標準	
	素質要求				
	職位晉升				
工作關係	內部關係				
	外部關係				

溝通關係：

內部 ⤶ ☐ ☐
   ☐ ☐

外部 ⤶ ☐ ☐
   ☐ ☐

續表

責任範圍	彙報責任	直接上報＿＿＿人		間接上報＿＿＿人	
	督導責任	直接督導＿＿＿人		間接督導＿＿＿人	
	培育責任	培育下屬			
		專業培育			
	成本責任	電話/電腦/手機	每月費用在＿＿元至＿＿元		
		交通費用	打車費及交通補助費用每月為＿＿元		
		迎接檢查費用	招待費用為＿＿元		
		辦公用品及設備			
	保密責任				
	管理責任				
	其他責任				
權力範圍	權力項目	主要內容			
	審批權				
	核查權				
	建議權				
	用人權				
	考核權				

工作範圍	工作依據	負責程度	建議考核標準
1.			
2.			
3.			
4.			
5.			
6.			
7.			

表 5-3-8　職位說明書範本（表格三）

職位名稱		所屬部門	
直接上級		晉升方向	
任職資格	學歷、專業知識		
	工作經驗		
	技能和素質要求		
職責一	職責表述：		
	工作內容		
	績效標準：		
職責二	職責表述：		
	工作內容		
	績效標準：		
職責三	職責表述：		
	工作內容		
	績效標準：		
職責四	職責表述：		
	工作內容		
	績效標準：		
編制人員		審核人員		批准人員	
編制日期		審核日期		批准日期	

表5-3-9 職位說明書範本(四)

單位		職位名稱		直接主管	
部門		崗位定員		崗位編號	
		職級		編制日期	

任職條件	學歷		
	經驗		
	專業知識		
	業務瞭解範圍		
	能力素質要求	能力項目	能力標準

職位概要:

溝通關係

彙報對象:

管理對象:

協調對象:

```
                    ┌──────────┐
                    │  總經理   │
                    └────┬─────┘
                         ↓
                    ┌──────────┐
                    │ 分管副總  │
                    └────┬─────┘
  ┌────┐                ↓              ┌────┐
  │內部│    ┌──────────┐  │外部│
  │相關│◄──►│ ××崗位  │◄──►│相關│
  │部門│    └────┬─────┘  │部門│
  └────┘                ↓              └────┘
                    ┌──────────┐
                    │ 下屬人員  │
                    └──────────┘
```

工作內容及職責	責任劃分	建議考核內容	佔用時間
逐項列明本崗位所應負有的職責	全責/部份/協助	考核指標及標準	100%
1.			
2.			
3.			
4.			
5.			
……			

工作環境	工作時間	
	工作地點	

七、工作崗位說明書的結果運用

　　工作分析是對崗位職責、工作內容及崗位任職資格進行研究和描述的過程，它是一項重要而普通的人力資源管理技術。工作分析結果所形成的是職位說明書，可以用於人員招聘、培訓、考核、薪酬制定等人力資源管理環節。

　　企業在發展過程中，可能因業務的擴大、人員流失、人員短缺等原因需要招聘新的人員。在進行具體的招聘工作時，招聘工作人員首先要明確擬招聘職位的主要工作職責、工作內容及崗位任職資格等信息，才能有效地進行人員選拔，而這些信息的主要來源是工作分析的結果──職位說明書。

步驟六

各部門工作崗位說明書範例

一、店面經理

單位：		職位名稱：店面經理	編制日期：
部門：市場銷售中心		任職人：	任職人簽字：
		直接主管：銷售經理	直接主管簽字：
		直接下屬：＿＿人	間接下屬：＿＿人
職位編號：		說明書編號：	批准日期：
職位概要：			
組織、安排、管理店內銷售等日常工作，帶領所屬人員完成銷售目標			
任職條件	學歷/專業		
	必備知識	專業知識	市場行銷、店面管理等
		外語要求	四級以上
		電腦要求	熟練操作辦公軟體
	工作經驗	三年以上企業銷售管理工作經驗	
	業務瞭解範圍	瞭解有關政策、法律法規，熟悉公司內部管理流程，掌握國內外商業運作新模式、新動向、新方法	

續表

		能力項目	能力標準
任職條件	能力素質要求	計劃能力	具備編制本店銷售計劃的能力
		預算能力	具備編制本店銷售所需費用預算的能力
		組織能力	組織下屬人員按計劃完成銷售任務的能力
		協調能力	具備良好的與顧客協調的能力
	職位晉升	可直接晉升的職位	銷售經理
		可相互輪換的職位	各店面經理間互相輪換
		可晉升至此的職位	店面副經理
		可以降級的職位	店面副經理
工作關係	內部關係	所受監督	在銷售經理的領導下，按計劃及時完成本店銷售任務
		所施監督	帶領本店所有員工，按計劃及時完成本店銷售任務
		合作關係	與相關職能部門配合，努力完成本店銷售任務
	外部關係		與顧客的協調，與當地政府有關部門協調

續表

責任範圍	彙報責任	直接上報____人	間接上報____人
	督導責任	直接督導____人	間接督導____人
	培育責任	培育下屬	在日常管理工作中對下屬進行工作思路、工作方法的示範和指導
		專業培育	對下屬進行銷售技巧的培訓
	成本責任	電話/手機	每月費用控制在____元之內
		電腦安全	保證電腦的安全使用
		辦公用品設備	對所使用的辦公用品和設備負有最終成本責任
	組織責任	對本店銷售計劃的完成負有組織責任	
	獎懲責任	對銷售的業績負責，如因銷售不理想給公司造成損失，應負相應的責任、行政責任	
	檔案管理責任	對本店的檔案、台賬等妥善保管的責任	
	參會責任	按時參加公司組織的各種有關會議的責任	

	權力項目	主要內容
權力範圍	審核權	按照公司管理權限，對本店發生的有關事務有審核權
	解釋權	對本店自行組織的促銷活動有一定的解釋權
	財務權	有公司規定範圍內的一定的財務權
	考核權	對本店員工的工作業績有考核權
	聯絡權	對相關職能部門和顧客有聯絡權

工作範圍	工作依據	負責程度	建議考核標準
1. 銷售策略： 　制訂本店銷售策略，報主管審批後實施。在實施過程中，根據具體情況及時調整銷售策略	公司有關銷售管理規定	全責	銷售策略制訂的及時性及其可行性

2.店面佈置： 　深入調查顧客需求和市場變化情況，組織佈置店內的商品佈局，在合理佈局的同時，保持店面的新穎和變化牲	本店制訂的銷售策略	全責	店面佈置的合理性和新穎性
3.人員協調與培訓： 　協調店內的人員工作，合理安排分工，及時處理有關矛盾；重點培訓有潛力的員工，使之儘快提高工作技能	公司有關銷售管理規定	全責	銷售任務的完成率和下屬人員考核得分
4.與政府部門協調： 　在公司規定的權限範圍內，努力為本店創造良好的外部環境	公司規定的聯絡權限	全責	有關事務處理的及時性和主管滿意度
5.檔案管理： 　及時建立客戶資源檔案，並定期進行更新；對檔案妥善保管，嚴防盜竊、火災等事故的發生	公司檔案管理的有關規定	全責	檔案建設及時性，檔案管理出錯率
6.提交報告： 　定期編寫客戶狀況分折報告，並提交有關主管，報告中應提出店面工作改進的意見和建議，得到主管批復後，及時改進店面管理	公司有關銷售管理規定	全責	報告的及時性、真實性、客觀性

二、公關主管

單位：	職位名稱：公關主管		編制日期：
部門： 市場銷售中心	任職人：		任職人簽字：
	直接主管：市場銷售中心經理		直接主管簽字：
	直接下屬：＿＿＿人		間接下屬：＿＿＿人
職位編號：	說明書編號：		批准日期：

職位概要：
　主持制訂與執行市場公關計劃，監督實施公關活動，對公關活動成果進行評估

任職條件	學歷/專業	本科以上學歷，公共關係、新聞或教育專業	
	必備知識	專業知識	公共關係學
		外語要求	四級以上
		電腦要求	熟練操作辦公軟體
	工作經驗	三年以上推廣經驗者優先 市場管理、新聞媒體工作經驗，有大型企業或知名品牌	
	業務瞭解範圍	瞭解有關法律、法規、規定，瞭解本公司內部管理流程，全面掌握各種公關技巧、方法	
	能力素質要求	能力項目	能力標準
		認知能力	對市場行銷工作有較深刻認知
		感知能力	有較強的市場感知能力，有敏銳地把握市場動態的能力
		語言文字能力	較強的語言和文字表達能力
		協調能力	較強的內部、外部協調能力

任職條件	職位晉升	可直接晉升的職位	市場銷售中心經理	
		可相互輪換的職位	市場策劃主管、廣告企劃主管等	
		可晉升至此的職位	公關專員	
		可以降級的職位	公關專員	
工作關係	內部關係	所受監督	在市場銷售中心經理的領導下，及時完成各種公關任務	
		所施監督	帶領下屬人員，及時完成各種公關任務	
		合作關係	與公司有關職能部門協調，做好公關工作	
	外部關係		妥善處理與相關政府部門關係、客戶關係及有關合作單位關係	
責任範圍	彙報責任		直接上報＿＿＿人	間接上報＿＿＿人
	督導責任		直接督導＿＿＿人	間接督導＿＿＿人
	培育責任		培育下屬	在日常管理工作中對下屬進行工作思路、工作方法的示範和指導
			專業培育	對下屬進行公關技巧和思路的培訓

續表

責任範圍	成本責任	電話/手機	每月費用控制在____元之內
		電腦安全	保證電腦的安全使用
		辦公用品設備	對所使用的辦公用品和設備負有最終成本責任
	保密責任	嚴守公司各項商業機密的責任	
	預算責任	編制公關活動費用預算的責任	
	檔案管理責任	對公關方案進行整理歸檔的責任	
	參會責任	按時參加公司組織的各有關會議	

	權力項目	主要內容
權力範圍	審核權	對公司公關活動方案有一定的審核權
	解釋權	對公司公關活動方案有一定的解釋權
	聯絡權	與相關部門和外部單位有一定的聯絡權

工作範圍	工作依據	負責程度	建議考核標準
1.公關計劃制訂： 主持制訂市場公關計劃，報主管審批後，組織執行；在執行過程中，根據不斷變化的情況，及時調整計劃	公司有關公關管理規定	全責	計劃制訂的及時性及其可行性
2.公關活動組織： 按批准的公關計劃，監督實施市場公關活動；與有關部門或企業進行良好的溝通，確保公關活動順利進行。	公司有關公關管理規定	全責	公關組織的及時性和主管滿意度
3.公關報告： 定期編寫公關活動報告，上報主管；報告中應總結本階段公關活動經驗教訓，並對市場整體策略提供建議	公司有關公關管理規定	全責	報告的真實性、及時性、客觀性

4.公關調查： 　定期開展公眾關係調查，及時將調查結果彙報有關主管，提出改進措施、方法，並及時調整公關宣傳政策	公司有關公關管理規定	全責	調查的真實性、及時性、客觀性
5.專題活動： 　向外部公眾宣傳解釋公司有關情況，策劃主持重要的公關專題活動，協調處理各方面的關係	公司有關公關管理規定	全責	專題活動開展的及時性和主管滿意度
6.公關資料處理： 　建立和維護公共關係數據庫、公關文檔，並妥善保管，定期進行更新	公司有關檔案管理規定	全責	公關資料處理的及時性、出錯率
7.新聞傳播： 　參與制訂及實施公司新聞傳播計劃，實施新聞宣傳的監督和效果評估，並將新聞傳播情況及時報告主管，提出自己的意見和建議	公司有關公關管理規定	部份	新聞傳播的及時性、真實性、有效性
8.公關支持： 　為公司有關職能部門和人員提供市場開拓及促銷、聯盟、展會、現場會等方面的公關支持；協助接待公司來賓，做好公關禮儀工作	公司有關公關管理規定	全責	公關支持的及時性和主管滿意度

三、銷售主管

單位：	職位名稱：銷售主管	編制日期：
部門：市場銷售中心	任職人：	任職人簽字：
	直接主管：銷售經理	直接主管簽字：
	直接下屬：＿＿人	間接下屬：＿＿人
職位編號：	說明書編號：	批准日期：

職位概要：

　擬訂實施促銷方案，並監督實施各項促銷活動，進行促銷效果評估

任職條件	學歷/專業		大專以上學歷，市場行銷、企業管理或相關專業	
	必備知識	專業知識	市場行銷、管理技能開發、財務會計基礎知識	
		外語要求	四級以上	
		電腦要求	熟練操作辦公軟體	
	工作經驗		有兩年以上同等職位工作經驗	
	業務瞭解範圍		具備良好的客戶意識及業務拓展能力，熟悉公司商品及相關商品的市場行情，瞭解公司內部管理流程	
	能力素質要求	能力項目	能力標準	
		獨立能力	獨立工作能力強，有一定領導能力	
		表達能力	出色的表達能力和說服力，良好的團隊合作精神	
		學習能力	學習能力強，有責任心	
	職位晉升	可直接晉升的職位	銷售經理	
		可相互輪換的職位	店面經理	

續表

任職條件	職位晉升	可晉升至此的職位	銷售員	
		可以降級的職位	銷售員	
工作關係	內部關係	所受監督	在銷售經理的領導下，努力完成銷售任務	
		所施監督	帶領所屬銷售員，努力完成銷售任務	
		合作關係	與公司有關部門和人員協作，努力完成銷售任務	
	外部關係	建立良好的顧客關係		
責任範圍	彙報責任	直接上報＿＿＿人	間接上報＿＿＿人	
	督導責任	直接督導＿＿＿人	間接督導＿＿＿人	
	培育責任	培育下屬	在日常管理工作中對下屬進行工作思路、工作方法的示範和指導	
		專業培育	對下屬進行銷售技巧的培訓	
	成本責任	電話/手機	每月費用控制在＿＿＿元之內	
		電腦安全	保證電腦的安全使用	
		辦公用品設備	對所使用的辦公用品和設備負有最終成本責任	
	獎懲責任	對銷售合約的簽訂、履行和管理負責，如因合約的訂立、履行及管理不善給公司造成損失，應負相應的責任、行政責任，直至法律責任		
	參會責任	按時參加公司組織的各種有關會議的責任		

續表

權力範圍	權力項目	主要內容		
	解釋權	在公司規定的權限內,有權代表公司對外談判,並簽訂銷售合約		
	考核權	對下屬銷售員有考核權		
	聯絡權	在公司規定的權限內,對有關客戶有聯絡權		
工作範圍		工作依據	負責程度	建議考核標準
1.促銷活動實施: 　根據公司整體規劃,組織實施年度、季、月及節假日的各種促銷活動,並及時將活動進展有關情況報告主管		公司有關促銷活動管理規定	全責	促銷活動及時性、活動效果
2.編制促銷方案: 　擬訂各種促銷方案,報主管審批後,組織實施,並監督各種促銷方案的實施,進行促銷活動效果評估		公司有關促銷活動管理規定	全責	促銷方案制訂的及時性及其可行性
3.促銷計劃: 　指導監督本區域市場促銷活動計劃的擬訂和實施,制訂本市場促銷活動經費的申報細則及審批程序,並對該項程序予以監督		公司有關促銷活動管理規定	全責	促銷計劃制訂的及時性和可行性
4.促銷用品管理: 　按照促銷方案和計劃,設計、發放、管理促銷用品,確保促銷用品費用在預算之內;發放前注意保管促銷用品,防止盜竊、火災等事故		公司有關促銷活動管理規定	全責	促銷用品管理出錯率、發放的合理性

續表

5.銷售分析： 協調各區域進行銷量分析，並提出推進計劃，報主管審批後，嚴格執行	公司有關銷售管理規定	全責	銷售分析的及時性、真實性
6.費用控制： 制訂不同時期、不同促銷活動的各項預算，報主管審批，並依據預算控制促銷經費的使用	公司有關預算管理規定	全責	實際發生費用與預算費用的差異

四、銷售部經理

企業名稱		職位名稱	銷售部經理	編制日期	
部門		任職人		任職人簽字	
		直接主管	市場總監	直接主管簽字	
任職條件	學歷：本科及以上				
	經驗：五年以上相關行業工作經驗，有豐富的市場拓展和銷售管理經驗				
	專業知識：市場行銷、銷售管理、心理學、產業經濟、產品知識等，良好的表達能力及市場策劃能力				
	業務瞭解範圍：熟悉行業銷售的有關法律、法規等，全面掌握行業銷售的需求特點、銷售流程				
職位目的	組織制定銷售計劃，並根據市場情況組織部門員工研究銷售方式、銷售戰略、促銷策略；組織銷售人員完成銷售指標；及時、全面地完成公司的銷售和市場拓展任務				

- 155 -

續表

下屬人員		人員類別		
人數：＿＿＿人		經理：＿＿＿人		
直接：＿＿＿人		專業人員：＿＿＿人		
間接：＿＿＿人		其他：＿＿＿人		
職責範圍	負責程度	建議考核內容	佔用時間
按重要順序依次列出 每項職責及其目標	全責/部份 /支持	考核指標	100%
1.制度建設與執行 　根據公司經營目標，制定公司行銷管理制度及本部門規章制度、培訓制度，報主管審批後監督實施	全責	銷售公司的規章制度的執行情況，員工評價在 4 分以上	5%
2.制定行銷計劃及預算 　根據公司既定行銷策略制定項目行銷行動計劃，組織編制項目銷售計劃及整體銷售費用預算，研究決定項目的銷售推廣形式以及公關方案和促銷計劃	全責	行銷計劃實現率達到 100%	5%
3.行銷計劃的實施 　負責組織銷售活動及公關、促銷活動，並對銷售、公關、促銷活動的效果進行評估與調整	全責	年度、季、月銷售計劃完成率達 100%	30%

4.銷售控制 　根據實施情況，定期對行銷活動進行分析，制定銷售進度控制表，調查客戶資信度，檢查銷售人員執行情況，以保證銷售正常進行	全責	年、季、月銷售計劃完成率達100%	20%
5.客戶管理 　及時組織建立完備的客戶檔案，及時組織對業主入住資格進行審定，對顧客投訴進行妥善處理，以確保維護良好的客戶關係	全責	年營業額增長率達到15%以上，客戶滿意度達到90%以上	15%
6.合約評審 　會同工程部、辦公室法律助理一起進行訂單的合約會審	全責	客戶合約履約率達到100%	5%
7.其他配合工作 　組織銷售人員參與工程項目驗收，參與編寫銷售宣傳圖冊(樓書)和客戶檔案以及向物業公司的移交工作等	部份	銷售宣傳圖冊內容全面、清晰，客戶滿意度達到 90%以上	5%
8.提案建議 　參與公司的經營活動，對有關的經營活動提出建議和方案	部份	經常向公司主管提出建議、方案。每年度不低於4件	5%
9.員工管理 　組織本部門員工的培訓、考核工作，通過溝通與激勵等方式，挖掘員工潛力，達到開發人才的目的	全責	部門員工綜合考核評分在80分以上，員工滿意度綜合評價在4分以上	10%

五、廣告企劃主管

單位：	職位名稱：廣告企劃主管	編制日期：
部門： 市場銷售中心	任職人：	任職人簽字：
	直接主管：市場銷售中心經理	直接主管簽字：
	直接下屬：＿＿＿人	間接下屬：＿＿＿人
職位編號：	說明書編號：	批准日期：

職位概要：
　組織開展廣告策劃，推廣企業品牌，樹立企業形象

任職條件	學歷/專業	本科以上學歷，市場行銷、企業管理或相關專業	
	必備知識	專業知識	市場行銷、企業管理、廣告學
		外語要求	四級以上
		電腦要求	熟練操作辦公軟體
	工作經驗	兩年以上公關和企劃實際工作經驗	
	業務瞭解範圍	瞭解有關政策、法律、法規和規定，對市場行銷工作有較深刻的認知，熟悉業務策劃活動程序，瞭解公司內部管理流程	
	能力素質要求	能力項目	能力標準
		合作能力	良好的團隊合作精神
		溝通能力	具有較強的理解能力、溝通能力、內部協調能力和公關能力
		語言文字能力	較強的語言和文字表達能力
		協調能力	較強的內部、外部協調能力
	職位晉升	可直接晉升的職位	市場銷售中心經理
		可相互輪換的職位	市場策劃主管、公關主管等
		可晉升至此的職位	企劃員
		可以降級的職位	企劃員

工作關係	內部關係	所受監督	在市場銷售中心經理的領導下，完成廣告宣傳任務
		所施監督	帶領下屬人員，及時完成各種廣告宣傳任務
		合作關係	與公司有關職能部門協調，做好廣告宣傳工作
	外部關係		與有關傳媒機構和廣告公司合作，完成公司的廣告宣傳任務
責任範圍	彙報責任	直接上報＿＿＿人	間接上報＿＿＿人
	督導責任	直接督導＿＿＿人	間接督導＿＿＿人
	培育責任	培育下屬	在日常管理工作中對下屬進行工作思路、工作方法的示範和指導
		專業培育	對下屬進行廣告創意方法和思路等的培訓
	成本責任	電話/手機	每月費用控制在＿＿＿元之內
		電腦安全	保證電腦的安全使用
		辦公用品設備	對所使用的辦公用品和設備負有最終成本責任
	保密責任		嚴守公司各項商業機密的責任
	預算責任		編制廣告費用預算的責任
	檔案管理責任		對各種廣告宣傳文稿、資料進行整理歸檔的責任
	參會責任		按時參加公司組織的各有關會議
權力範圍	權力項目		主要內容
	審核權		對廣告創意、文稿及相關資料有一定的審核權
	解釋權		對公司廣告宣傳有一定的解釋權
	聯絡權		與相關部門和外部單位有一定的聯絡權

續表

工作範圍	工作依據	負責程度	建議考核標準
1.相關政府部門關係： 　努力開發和維護公司與政府有關機構、合作夥伴之間的關係，及時妥善處理相關問題，並及時將有關情況彙報給主管。	公司公關管理的相關規定	全責	有關問題處理的及時性和主管滿意度
2.申報工作： 　組織企業各種資格認證、技術鑑定、政府科研基金申請申報、榮譽申報等工作，並及時將結果彙報給有關主管	有關申報程序和規定	全責	申報工作的成果
3.活動組織： 　協助公司有關部門和人員，組織相關市場活動、公關活動、促銷活動等，並及時提出自己的意見和建議	公司有關活動管理的規定	全責	活動組織的及時性和活動效果
4.企業文化建設： 　積極創建企業品牌，擬寫企業文化實施方案，報主管審批後，組織傳播企業文化，使公司廣大員工認知企業變化	公司企業文化管理規定	全責	主管滿意度
5.媒體公關： 　編制公司媒體公關活動方案，報審批；制訂並組織執行媒體公關活動計劃，並及時評估活動效果	公司有關公關活動管理規定	全責	公關活動的及時性和主管滿意度

續表

6.廣告策略： 　負責競爭品牌廣告信息的搜集、整理，行業推廣費用的分析；主持制訂不同時期的廣告策略制訂年度、季、月廣告費用計劃，報鄰居導審批後，嚴格執行	公司有關廣告宣傳管理規定	全責	廣告策略制訂的及時性及其有效性
7.廣告製作： 　選擇信譽好、水準高的廣告公司，督導廣告公司及製作代理公司的工作，並對廣告創意和文案進行審核後，報主管批准	公司有關廣告宣傳管理規定		廣告投放的及時性和有效性
8.廣告評估： 　廣告發後，及時進行廣告檢測與統計，並進行廣告、公關活動的效果評估。定期擬寫評估報告，上報有關主管參考	公司有關廣告宣傳管理規定		廣告效果評估的及時性、真實性、客觀性

六、醫藥銷售代表

單位		職位名稱	醫藥銷售代表	編制日期	
部門	市場行銷部	任職人		任職人簽字	
		直接主管	執行總裁	直接主管簽字	
		直接下屬：_____人		間接下屬：_____人	
職位編號		說明書編號		批准日期	
職位概要	在銷售經理的領導下，根據公司相關銷售政策，建立、維護、擴大銷售終端，完成分銷目標、分銷計劃				
任職條件	學歷/專業	大學本科及以上學歷；醫學、藥學、生物或行銷專業			
	必備知識	專業知識	醫學、藥學、生物或行銷專業		
		外語要求	英語四級以上		
		電腦要求	熟練操作辦公軟體		
	工作經驗	兩年以上醫藥銷售工作經驗			
	業務瞭解範圍	產品知識	對所銷售藥品的性能、藥理等相關知識有一定的瞭解		
		行銷知識	市場行銷原理和基本的銷售技巧和知識		
		消費者心理學知識	對醫藥消費者的消費心理能夠準確把握和理解		
	能力素質要求	能力項目	能力標準		
		溝通能力	與分銷商、銷售終端等環節的溝通、協調能力		
		說服能力	對客戶的指導和說服能力		
		分析和解決問題的能力	在藥品銷售相關工作中獨立的分析和解決問題的能力		

任職 條件	職位 晉升	可直接晉升 的職位	銷售經理	
		可相互輪換 的職位	地區銷售代表	
		可晉升至此 的職位		
		可以降級至 此的職位		
工作 關係	內部 關係	所受監督	在醫藥銷售工作中受銷售經理的指導和監督	
		所施監督	對醫藥產品推廣和銷售工作的監督和控制	
		合作關係	與公司內部其他部門人員之間的工作關係	
	外部關係	與相關醫藥產品經銷商、醫院、藥店之間的往來關係		
責任 範圍	彙報責任	直接上報＿＿＿人	間接上報＿＿＿人	
	督導責任	直接督導＿＿＿人	間接督導＿＿＿人	
	培育責任	培育下屬		
		專業培育		

續表

責任範圍	成本責任	電話	費用控制在＿＿＿元至＿＿＿元
		電腦安全	保證電腦的安全使用
		辦公用品設備	對所使用的辦公用品和設備負有最終成本責任
	保密責任	對所負責轄區藥品銷售數據等信息具有對競爭對手保密的責任	
	產品推廣責任	根據公司銷售計劃推廣、銷售產品的責任	
	維護客戶責任	在銷售工作中建立良好的客戶關係，維護企業客戶的責任	
	檔案管理責任	對相關銷售信息、客戶資料等檔案的管理責任	

權力範圍	權力項目	主要內容
	與銷售業務相關的權力	具有在所轄區域或範圍內開展銷售業務的權力

工作範圍	工作依據	負責程度	建議考核標準
1. 區域銷售 　負責公司產品在本區域內零售市場的銷售和專業性支援工作	公司年度銷售目標和相關銷售管理制度	全責	零售市場銷售情況
2. 分銷渠道 　負責在本區域內建立分銷網及擴大公司產品的覆蓋率	公司年度銷售目標和相關銷售管理制度	全責	產品覆蓋率變化情況

3.醫藥產品推廣 　按照公司計劃和程序開展醫藥產品推廣活動,介紹本公司的產品並提供相應資料	根據產品推廣計劃和公司銷售管理相關制度	全責	產品推廣工作的成效
4.產品宣傳與促銷 　對所管轄藥品零售店進行公司產品宣傳、入店培訓、理貨陳列、公關促銷等工作	公司相關銷售管理制度	全責	終端維護情況和藥店對本公司產品的銷售額
5.客戶檔案 　建立客戶資料卡及客戶檔案,完成相關日常性銷售報表	公司客戶管理規定	全責	客戶資料管理情況
6.市場回饋 　及時提供市場回饋信息並做出適當建議	公司相關銷售管理制度	全責	市場回饋信息的及時性和準確性
7.參會、培訓 　參加公司召開的會議、組織的培訓及與藥店工作有關的活動	公司相關銷售管理制度	全責	參加相關活動的次數和效果
8.客戶關係 　與客戶建立良好關係,保持公司形象	公司相關銷售管理制度	全責	客戶滿意度和客戶忠誠度情況

七、採購經理

單位：	職位名稱：採購經理		編制日期：
部門：採購中心	任職人：		任職人簽字：
	直接主管：採購中心經理		直接主管簽字：
	直接下屬：＿＿＿人		間接下屬：＿＿＿人
職位編號：	說明書編號：		批准日期：

職位概要：

　制訂、組織、協調公司或所屬部門的採購計劃，達成公司所期望的庫存和利潤目標

任職條件	學歷/專業		本科以上，經濟、管理或相關專業	
	必備知識	專業知識	採購管理、物流管理	
		外語要求		
		電腦要求	熟悉電腦的基本操作	
任職條件	工作經驗		三年以上物資採購工作經驗	
	業務瞭解範圍		瞭解國家有關法律、法規及規定，熟悉國內外有關物流管理的最新知識，掌握本企業的生產經營計劃	
	能力素質要求	能力項目	能力標準	
		計劃能力	對採購進行準確計劃，合理安排採購物資及時間	
		預算能力	合理編制採購預算，並嚴格執行主管批准的預算	
		分析能力	對所採購物資具有分析判斷能力，並能夠妥善處理相關問題	
		組織能力	組織下屬按計劃及時完成採購任務	
	職位晉升	可直接晉升的職位	採購中心經理	
		可相互輪換的職位	倉庫經理	
		可晉升至此的職位	採購主管	
		可以降級的職位	採購主管	

工作關係	內部關係	所受監督	在採購中心經理的指導下完成採購任務	
		所施監督	對下屬採購主管和採購員的工作進行指導和監督	
		合作關係	協助採購中心經理與公司其他部門進行採購工作的協調	
	外部關係	與供應商和運輸商的關係		
責任範圍	彙報責任	直接上報____人	間接上報____人	
	督導責任	直接督導____人	間接督導____人	
	培育責任	培育下屬	在日常管理工作中對下屬進行工作思路、工作方法的示範和指導	
		專業培育	對下屬進行物資採購和物流管理的培訓	
	成本責任	電話/手機	每月費用控制在____元之內	
		電腦安全	保證電腦的安全使用	
		辦公用品設備	對所使用的辦公用品和設備負有最終成本責任	
	保密責任	對公司的各項商業機密負有保密責任		
	獎懲責任	對未完成工作的下屬有懲罰責任，對及時、高品質完成工作的下屬有獎勵責任		
	預算責任	對採購預算與實際採購成本的差異負有責任		
	檔案管理責任	對採購中的各種表單負有妥善保管責任		
	參會責任	及時參加公司組織的相關會議		

續表

權力範圍	權力項目	主要內容		
	審核權	對公司採購中的重大問題具有初步的審核權		
	聯絡權	對供應商和運輸商具有一定的聯絡權		
	考核權	對下屬人員具有業績考核權		

工作範圍	工作依據	負責程度	建議考核標準
1.編制採購計劃及預算: 負責編制公司年度、季、月訂單的採購計劃,並報主管審批;編制公司年度、季、月採購預算,報主管審批	公司計劃管理、預算管理的相關規定	全責	採購工作按計劃完成,採購成本不突破預算
2.市場調查與詢價: 調查、分析和評估市場根據公司要求篩選合格的供應商,並組織對各供應商的產品品質、價格、信譽情況進行廣泛調查;根據所需物資組織對供應商進行詢價,並將市場調查、詢價情況上報採購中心經理	公司物資供應管理的相關規定	全責	市場調查及時、可靠,按計劃完成
3.物資採購: 執行主管批准的物資採購計劃,與公司選定的供應商洽談訂貨合約,並初步與供應商簽訂供貨合約	公司物資供應管理的相關規定	全責	採購工作按計劃完成,採購成本不突破預算
4.下屬人員管理: 管理採購主管和其他相關員工以確定採購的產品符合客戶的需要	公司人力資源管理相關規定	全責	下屬員工績效考核的得分情況

續表

5.與供應商關係處理： 　處理與供應商的關係，如價格談判、採購環境、產品品質、供應鏈、數據庫等，建立供應商檔案	公司物資供應管理的相關規定	全責	主管與供應商的滿意度
6.努力提高工作效率： 　改進採購的工作流程和標準，通過盡可能少的流通環節，減少單位庫存的保存時間和額外收入的發生，以達到存貨週轉的目標	公司企業管理的相關規定	全責	主管滿意度
7.內部協調： 　發展和維護與相關職能部門的內部溝通渠道，努力協調相關關係，使之達到效率最大化	公司企業管理的相關規定	全責	主管和相關部門、單位的滿意度
8.編寫採購報告： 　定期編寫採購報告，總結採購工作中的經驗教訓，並及時上報採購中心經理	公司物資供應管理的相關規定		採購報告的及時性、客觀性

八、倉儲部經理

單位：	職位名稱：倉儲部經理	編制日期：
部門：倉儲部	任職人：	任職人簽字：
	直接主管：生產總監	直接主管簽字：
任職條件	學歷 大專以上學歷	
	經驗 3年以上相關工作經驗	
	專業知識 具備物料管理、財務管理等相關專業知識	
	業務瞭解範圍 熟悉產品的存儲，保管以及各種原材料、成品庫管理	

職位目的

全面負責物料倉庫的管理工作，組織產品的存儲、保管，保證物料存儲整齊有序、完好無損，定期進行倉庫賬目與實物盤點工作

續表

職責範圍	負責程度	建議考核內容
按重要順序依次列出每項職責及其目標	全責/部份/支援	考核標準
1.制定倉庫管理制度 負責編制各項倉庫管理制度,經生產總監批准後執行,並對執行過程進行監督	全責	相關主管對倉庫管理制度執行效果的滿意度評價在4分以上
2.物料倉庫管理 負責監督部門員工做好原料庫、半成品庫、成品庫的日常管理工作,做好倉庫物料的分類、分區、定位存放工作	全責	原料入庫與成品出庫的資料準確率達100%
3.倉庫賬務管理 督導倉庫管理人員建立物料進、存、發放台賬,做好賬務管理工作	部份	台賬記錄完整率達100%
4.倉庫安全管理 按照企業有關規定落實安全防範措施,做好防火、防盜、防爆工作,並保證庫內清潔、整齊	全責	安全事故發生率為0
5.倉庫盤點工作 根據企業統一安排負責組織倉庫盤點工作,協調本部門與財務部之間的關係	部份	相關部門對盤點工作組織的滿意度評價在4分以上
6.部門員工管理 定期或不定期組織部門員工進行相關培訓,提高倉庫管理水準	全責	主管對員工培訓的滿意度評價在4分以上

九、銷售經理

單位：	職位名稱： 銷售經理		編制日期：
部門： 市場銷售中心	任職人：		任職人簽字：
	直接主管：市場銷售中心經理		直接主管簽字：
	直接下屬：＿＿＿人		間接下屬：＿＿＿人
職位編號：	說明書編號：		批准日期：

職位概要：

　　根據公司各階段的銷售計劃和經營目標，組織下屬人員開展銷售工作，努力完成公司下達的銷售指標，積極開拓大客戶，並努力維護客戶關係

任職條件	學歷/專業		本科以上學歷，市場行銷或相關專業
	必備 知識	專業知識	市場行銷、管理學
		外語要求	四級以上
		電腦要求	熟練操作各種辦公軟體
	工作經驗		五年以上工作經驗
	業務瞭解 範圍		瞭解國家有關經濟政策.熟悉國內、國外最新市場動向，瞭解廣告、公關等業務知識，全面掌握相關合約與法律知識等
	能力素質 要求	能力項目	能力標準
		計劃能力	具備編制公司銷售計劃的能力
		預算能力	具備編制公司銷售所需費用預算的能力
		組織能力	組織下屬人員按計劃完成銷售任務的能力
		協調能力	具備良好的內部、外部協調的能力
	職位晉升	可直接晉升 的職位	市場銷售中心經理

續表

任職條件	職位晉升	可相互輪換的職位	市場策劃主管、公關主管等	
		可晉升至此的職位	店面經理	
		可以降級的職位	店面經理	
工作關係	內部關係	所受監督	在市場銷售中心經理的領導下，按計劃完成公司銷售任務	
		所施監督	組織下屬人員按計劃完成公司銷售任務	
		合作關係	與相關部門和人員協作，努力完成公司銷售任務	
	外部關係	與客戶的溝通聯絡		
責任範圍	彙報責任	直接上報＿＿＿人	間接上報＿＿＿人	
	督導責任	直接督導＿＿＿人	間接督導＿＿＿人	
	培育責任	培育下屬	在日常管理工作中對下屬進行工作思路、工作方法的示範和指導	
		專業培育	對下屬進行銷售技巧的培訓	
	成本責任	電話/手機	每月費用控制在＿＿＿元之內	
		電腦安全	保證電腦的安全使用	
		辦公用品設備	對所使用的辦公用品和設備負有最終成本責任	
	組織責任	對銷售計劃的完成負有組織責任		

續表

責任範圍	獎懲責任	對銷售合約的簽訂、履行和管理負責，如因合約的訂立、履行及管理不善給公司造成損失，應負相應的責任、行政責任，直至法律責任
	預算責任	對公司銷售費用等預算承擔責任
	檔案管理責任	對公司銷售合約、客戶關係檔案等妥善保管的責任
	參會責任	按時參加公司組織的各種有關會議的責任

權力範圍	權力項目	主要內容
	審核權	有權對銷售費用的支出進行控制
	解釋權	有權代表公司對外談判，並簽訂銷售合約
	財務權	對公司產品的價格浮動有建議權
	考核權	對下屬人員有考核權
	聯絡權	對有關職能部門和客戶有聯絡權

工作範圍	工作依據	負責程度	建議考核標準
1.銷售組織： 負責公司的銷售運作，包括計劃、組織、進度控制和檢討等，並將銷售情況及時彙報有關主管，提出改進辦法	公司有關銷售管理規定	全責	銷售額和銷售任務完成的及時性
2.制訂計劃： 組織制訂銷售計劃、銷售政策，報有關主管審批後，嚴格執行；在執行過程中，發現問題及時調整	公司有關銷售管理規定	全責	計劃制訂的及時性和計劃的可行性
3.市場活動： 與有關市場策劃和實施人員合作，共同組織促銷活動；對市場活動策劃提出意見建議，活動中積極配合，活動後提出相關改進意見	有關市場活動的評價報告	全責	有關主管對市場活動的評價

- 174 -

4.合約評審與管理： 　組織訂貨洽談事宜，簽訂訂貨合約；相關主管和部門對合約進行評審；定期檢查合約履行情況，並向有關主管彙報；妥善處理合約糾紛，維護公司利益和形象	公司有關銷售管理規定	全責	合約的履約率和回收賬款率
5.目標設定： 　在廣泛調研的基礎上，制訂銷售目標、銷售模式、銷售戰略、銷售預算和獎勵計劃，激勵廣大銷售人員努力開展工作，以完成公司銷售任務	公司有關銷售管理規定	全責	目標設定的及時性和目標的可行性
6.隊伍建設： 　建立和管理銷售隊伍，對下屬員工的業務工作、管理技能、工作態度等，按其職位職責進行培訓，並實施考核	公司有關人力資源管理規定	全責	下屬人員年終考核得分
7.大客戶開拓和維護： 　積極尋求開拓大客戶的途徑與渠道，努力維護與大客戶的關係；定期對大客戶進行調查走訪，瞭解大客戶的需求，積極為其提供更好的服務	公司有關銷售管理規定	全責	大客戶增長率及其滿意度

十、技術總監

單位：	職位名稱：技術總監	編制日期：
部門：公司總部	任職人：	任職人簽字：
	直接主管：執行副總裁	直接主管簽字：
	直接下屬：＿＿＿人	間接下屬：＿＿＿人
職位編號：	說明書編號：	批准日期：

職位概要：

　　負責公司產品開發及技術管理工作，保證公司在行業領域的技術優勢和持續發展能力，負責公司產品研發、技術管理、技術體系建立及監督實施等

任職條件	學歷/專業		大學本科以上相關技術專業
	必備知識	專業知識	生產管理、技術體系管理、技術管理、項目管理、產品研發管理、技術信息管理
		外語要求	四級以上
		電腦要求	熟練應用辦公軟體和技術管理軟體，掌握相關網路知識
	工作經驗		五年以上本職位工作經驗
	業務瞭解範圍	技術管理	技術應用、技術經濟效益分析
		技術信息管理	國際行業技術信息的收集、分析、利用管理
		產品研發管理	依據產品研發管理流程為企業研製新產品、推廣新技術、發展新技術等
		行業產品標準	行業產品標準體系的執行及其文件管理
		技術管理體系	技術管理體系、測量管理體系的認證制度、流程
		技術管理	產品製造技術的執行、修正、審批管理

		能力項目	能力標準
任職條件	能力素質要求	領導能力	統籌領導，有宏觀控制能力
		專業技術能力	對專業精通，有關鍵技術攻關能力
		規劃能力	對生產、品質、技術統籌規劃的能力
	職位晉升	可直接晉升的職位	執行副總裁
		可相互輪換的職位	執行副總裁
		可晉升至此的職位	技術開發部經理
		可以降級的職位	技術開發部經理
工作關係	內部關係	所受監督	受執行副總裁的領導和監督
		所施監督	對技術部經理、品質部經理、生產部經理等相關部門主管進行考核和監督
		合作關係	同公司其他部門的總監及各部門經理的關係
	外部關係		專門技術機構、技術合作單位、行業技術組織、客戶等

續表

責任範圍	彙報責任	直接上報＿＿＿人		間接上報＿＿＿人
	督導責任	直接督導＿＿＿人		間接督導＿＿＿人
	培育責任	培育下屬		對下屬進行技術輔導及品質體系建設指導
		專業培育		對下屬進行技術研發、產品檢驗、ISO9000認證方面的培訓
	成本責任	電話/手機		每月費用控制在＿＿＿元之內
		技術管理成本		對公司內涉及技術變動或技術調整的費用使用負成本責任
		辦公用品設備		對所使用的辦公用品和設備負有最終成本責任
	產品研發責任	負有研發新產品、不斷增強企業技術實力的責任		
	技術管理責任	負有對公司技術改進和調整的責任，保證產品製造的技術含量		
	技術保密責任	對本公司技術信息、產品技術參數等內部情報負最終保密責任		
權力範圍	權力項目	主要內容		
	財務權力	公司管理制度規定的相應財務審批權力		
	建議權	公司重大決策的建議權及公司技術發展戰略建議權		
	審批權	技術文件標準的審定權		
	監督檢查權	對公司各部門品質管理體系建設的臨督檢杏權		
	用人權	對直接下級人員調配、獎懲和任免的權利		
	績效考核權	對下級的管理水準、業務水準和業績考核評價權		

工作範圍	工作依據	負責程度	建議考核標準
1. 工作目標和計劃：制訂並組織實施技術系統工作目標和工作計劃	公司安排的具體任務	部份	技術計劃的制訂和達成率

2.技術創新： 　負責組織公司技術創新工作，新產品的研發工作	公司技術管理制訂及行業技術發展趨勢	全責	技術創新的數量和效果，以及新產品研製情況
3.產品技術： 　產品技術的制訂、改進和技術文件管理	根據公司的技術管理制度	全責	技術的執行情況及技術改進所帶來的效益
4.品質管理體系實施： 　組織實施品質體系所要求對技術管理的規定，保證公司產品符合技術標準	品質體系的技術管理認證要求	全責	是否通過認證和審核
5.品質標準： 　負責公司產品品質標準和技術品質標準管理工作	公司產品品質規定和品質體系的要求	全責	是否符合公司品質管理規定的要求
6.技術分析： 　定期進行產品技術分析工作，制訂預防和糾正措施	產品的技術和品質標準	全責	糾正和預防措施的效果
7.設備申購和管理： 　重要技術設備、計量器具的申購和管理	實際生產、檢驗需要	全責	設備使用情況和維護情況
8.檔案管理： 　技術系統文件等資料的整理保管及公司產品技術檔案管理工作	公司技術資料檔案管理的相關規定	全責	資料的保管情況
9.保密： 　公司技術指標、產品技術參數及技術信息的保密工作	公司技術保密管理制度	全責	技術機密維護情況
10.技術規章制度制訂與實施： 　組織制訂技術系統規章制度和實施細則並組織實施	公司技術制度規定	部份	細則的執行情況

十一、運營總監

單位：		職位名稱：運營總監	編制日期：
部門：公司總部		任職人：	任職人簽字：
		直接主管：執行副總裁	直接主管簽字：
		直接下屬：＿＿＿人	間接下屬：＿＿＿人
職位編號：		說明書編號：	批准日期：

職位概要：

　　按照公司的年度經營目標，編制年度生產計劃；協調相關部門，全面組織公司的生產活動；要保證產品品質的同時，有效進行生產成本控制，以最小的成本完成生產計劃，從而使企業獲取最大的效益。

任職條件		學歷/專業	大學本科以上學歷	
	必備知識	專業知識	企業管理、生產與作業管理、品質管理、設備管理、安全管理、本行業的生產技術管理	
		外語要求	國家四級以上	
		電腦要求	熟練使用辦公軟體、生產管理軟體	
	工作經驗		本企業產品相關行業八年以上工作經驗。四年以上企業生產管理經驗	
	業務瞭解範圍		制訂公司生產計劃，保證公司生產正常運行；豐富的生產管理、成本控制、品質管理、設備物流等工廠管理的實務經驗	
	能力素質要求	能力項目	能力標準	
		計劃能力	生產計劃的制訂、修正及執行的能力	
		控制能力	對生產過程中所發生成本、費用的控制能力	
		協調能力	組織、協調、管理相關部門人員保證生產運營的能力	

任職條件	能力素質要求	危機處理能力	對生產過程所發生的緊急事件的處理能力
	職位晉升	可直接晉升的職位	執行副總裁
		可相互輪換的職位	總裁助理
		可晉升至此的職位	生產部長、技術部長、品質部長
		可以降級的職位	生產部長
工作關係	內部關係	所受監督	受執行副總裁的監督
		所施監督	對生產部長、技術部長、品質部長、設備管理部長及能源動力部等相關部門部長的監督、控制和協調
		合作關係	與財務部、人力資源部等職能部門的合作關係
	外部關係		對來料加工客戶及外協生產企業的合作關係
責任範圍	彙報責任	直接上報＿＿＿人	間接上報＿＿＿人
	督導責任	直接督導＿＿＿人	間接督導＿＿＿人
	培育責任	培育下屬	對下屬進行生產管理知識、技能、經驗的直接傳授及人員管理的培育，使其不斷提高生產技術水準

續表

責任範圍	培育責任	專業培育	組織生產管理知識講座,外派下屬參加生產管理相關的培訓和研討
	成本責任	電話/電腦	每月費用控制在＿＿元之內
		成本控制責任	對生產過程所耗用成本、費用的控制負責
		辦公用品設備	對生產部門所使用的辦公用品和設備負有成本責任
	獎懲責任		對已批准的獎懲決定執行情況負責
	預算責任		對生產部預算開支的合理支配負責
	檔案管理責任		對公司生產運營管理相關資料檔案的齊全、完整與定期歸檔負責

權力範圍	權力項目	主要內容
	財務權力	依據公司管理制度審批下級部門的各項花費,並確認其支出的合理性
	監督檢查	對下級工作、各項費用的使用有監督檢查權
	績效考核權	對下級工作有考核的權力
	獎懲權力	對下級工作的業績有獎勵、懲罰的權力
	用人權力	有權提請董事會更換財務部的人員
	提名權力	有權向董事會提請有關部門經理的人選
	參會權力	參加董事會、總經理會、生產管理會等

工作範圍	工作依據	負責程度	建議考核標準
1. 企業目標的制訂與管理: 根據企業中長期戰略發展規劃確定企業生產經營的目標和方向,並組織生產目標的執行情況進行控制與管理	企業中長期發展戰略和企業的生產現狀與發展趨勢預測	全責	企業生產目標的完成情況

2.制訂生產計劃： 　企業編制年度、季、月生產計劃，並監督計劃實施執行情況；對生產部、資產管理部和子公司（工廠）的生產管理活動進行監督、協調與調度	公司總體發展戰略與年度生產目標	全責	生產計劃制訂的準確程度以及生產計劃的執行情況
3.生產設備管理、安全管理： 　組織制訂有關生產設備、安全管理等方面的制度，以及生產設備、安全管理計劃；對員工進行安全教育，處理生產中的安全事故及安全隱患，使生產活動安全有效地進行	公司品質體系文件《生產管理制度》、《安裝管理制度》以及《設備管理制度》	全責	員工死亡情況、工傷事故情況、設備完好情況，以及保障生產能力等
4.製造費用控制管理： 　對於生產部門的製造費用進行嚴格控制，制訂組織製造費用控制的流程和管理辦法，下達製造費用控制的措施，並監督檢查其執行情況	根據公司生產成本與費用控制管理方面的規定	全責	製造費用的使用情況
5.績效考核： 　根據年度經營計劃和目標管理的指標，組織對公司各部門進行績效考核；根據年度經營計劃和目標管理指標對各部門進行責任考核	根據公司的《績效考核管理制度》	全責	對公司各部門績效考核工作的完成情況
6.分管部門的管理： 　負責指導、管理、監督分管部門下屬人員的業務工作，使其不斷改善工作品質和服務態度，做好績效考核和獎懲工作，並激發其工作積極性	根據部門的管理制度和相關規定	全責	分管部門業務指標完成情況、員工滿意程度

十二、生產部部長

單位：		職位名稱：生產部部長	編制日期：
部門：生產部		任職人：	任職人簽字：
		直接主管：運營總監	直接主管簽字：
		直接下屬：＿＿＿人	間接下屬：＿＿＿人
職位編號：		說明書編號：	批准日期：

職位概要：

　　根據市場情況，組織、協調公司的生產活動，有效地進行生產成本的控制；對公司的設備和生產活動進行有效的監督、管理；對各子公司(工廠)的生產活動進行必要的協調、調度與監督，保證生產順利進行。

任職條件	學歷/專業	大學本科以上	
	必備知識	專業知識	企業管理、生產與作業管理、品質管理、設備管理、成本控制知識、本企業生產相關專業知識
		外語要求	四級以上
		電腦要求	熟練操作電腦
	工作經驗	在相關職位工作五年以上，並擔任過相關領導職務，具有高級專業技術職稱	
	業務瞭解範圍	全面瞭解國內外企業生產、運作管理等領域的新發展、新動向，全面掌握本行業的市場前景、技術發展方向，瞭解安全生產方面的法律、法規及規定	
	能力素質要求	能力項目	能力標準
		計劃能力	具有生產任務的準確計劃、生產日期的合理安排的能力
		專業知識能力	具有生產管理、安全管理的能力

續表

任職條件	能力素質要求	統計分析能力	具有對產品、費用、成本的統計分析能力
		危機處理能力	具有對生產過程中突發事件的應急處理能力
	職位晉升	可直接晉升的職位	運營總監
		可相互輪換的職位	其他部門部長
		可晉升至此的職位	計劃統計專員及其他各專員
		可以降級的職位	各專員
工作關係	內部關係	所受監督	受運營總監和執行副總裁的領導和監督
		所施監督	對生產部人員的工作業績進行監督
		合作關係	與部門內部其他人員及其他部門人員間的關係
	外部關係		與客戶、設備維修單位、外協加工企業等關係
責任範圍	彙報責任	直接上報＿＿＿人	間接上報＿＿＿人
	督導責任	直接督導＿＿＿人	間接督導＿＿＿人
	培育責任	培育下屬	對下屬進行生產管理、安全管理、設備管理經驗傳授和現場指導

續表

責任範圍	培育責任	專業培育	就技術管理、產品品質提升、控制等方面的知識，外派下屬進行學習或舉辦專門培訓
	成本責任	電話/手機	每月費用控制在＿＿元之內
		電腦安全	保證電腦的安全使用
		辦公用品設備	對所使用的辦公用品和設備負有最終成本責任
	安全責任		對生產過程中所發生的事故負有安全責任
	費用責任		對生產費用情況負有直接控制責任
	設備維護責任		對生產設備具有定時檢修與維護以保證正常生產的責任
	生產任務責任		對生產任務的完成情況負有直接責任

權力範圍	權力項目	主要內容
	審批權	在權限內，對生產計劃、外包生產計劃的制訂具有審批權；對生產作業具有審批權
	監察權	對生產計劃、生產作業計劃、外包生產計劃的執行情況有監督檢查權，對下屬部門品質管理有監督檢查權
	考核權	對下屬工作的業績、管理水準具有考核權
	財務權	根據公司相關規定，具有一定範圍內的財務審批權
	提名權	對下屬人員具有調配、任免的提名權
	參會權	參加公司各種相關生產會議、工作會議的權力

工作範圍	工作依據	負責程度	建議考核標準
1. 規章制度建設與管理： 　組織編制生產管理的各項規章制度，並監督、檢查和指導制度的執行；各項規章制度交企業管理部備案	公司生產管理目標	全責	規章制度執行情況，主管與員工綜合評價情況

續表

2.制訂生產計劃： 　組織編制公司和各子公司(工廠)年度、季、月生產計劃；定期或不定期組織召開生產計劃會議，審核、平衡銷售公司承接的訂單並將其納入生產計劃，及時向各下屬子公司(工廠)下達生產任務單	公司年度經營計劃和生產目標	全責	年度各項生產計劃指標的完成情況
3.生產計劃的實施、監控與生產調度： 　按生產計劃監督、指導各生產單位進行生產，定期召開生產調度會議；及時處理各類突發事件；適時、適當召開各類生產協調會議，協調生產中的各項工作，確保生產順利進行；根據各子公司(工廠)的生產情況，進行人力、原材料、設備的調度，組織編發生產調度會議紀要，並根據需要向各子公司(工廠)發佈「調度令」	公司生產管理制度的相關規定	全責	年度生產指標的完成情況
4.統計： 　對各子公司(工廠)的各項生產數據進行全面統計，組織編制、匯總統計報表，報主管審批後報上級單位或有關政府部門；安排各種生產統計資料的歸檔管理	公司統計管理的規定	全責	每月向上級單位或政府部門報送統計報表的及時性

續表

5.生產設備管理: 　對生產設備例行管理,並合理調撥、分配;組織建立生產設備檔案,安排辦理生產設備的折舊、報損、報廢事宜;辦理公司新增設備的詢價、採購、運輸與安裝等工作;對生產設備日常的養護、維修	公司品質管理體系中設備管理制度的規定	全責	設備完好情況及其使用情況
6.生產安全管理: 　組織編制年度生產安全計劃,嚴格執行生產安全管理制度,確保各類設備的安全運行;組織對各類鍋爐、壓力容器、儀器儀錶、供電供水設備、避雷絕緣設施、計量食品進行定期檢查和校驗;對員工進行安全生產教育並及時組織有關人員處理生產中出現的安全事故、排查安全隱患	公司品質管理體系中安全生產管理制度的規定	全責	員工死亡事故率與工傷事故率
7.部門內部的管理: 　本部門日常工作的安排和任務的分配,協調本部門人員完成各項工作;組織部門員工的培訓、考核等工作,通過激勵機制,挖掘員工潛力,達到開發人才的目的	公司生產部管理的相關制度		部門員工綜合考核評分與員工滿意程度

十三、計劃統計專員

單位：	職位名稱：計劃統計專員	編制日期：
部門：生產部	任職人：	任職人簽字：
	直接主管：生產部部長	直接主管簽字：
	直接下屬：＿＿＿人	間接下屬：＿＿＿人
職位編號：	說明書編號：	批准日期：

職位概要：

　　在生產部長的領導下，全面負責生產計劃統計工作；根據各子公司（工廠）的年度生產計劃，編寫公司年度生產計劃，並對生產計劃進行協調、匯總；編制公司年度、季、月統計報表，確保公司生產計劃的順利完成

任職條件	學歷/專業		大專以上，企業管理或生產管理專業
	必備知識	專業知識	生產與作業管理、計劃管理、統計管理
		外語要求	一定的英語聽、說、讀、寫能力
		電腦要求	熟練操作辦公軟體
	工作經驗		三年以上本職位或相關工作經驗
	業務瞭解範圍		瞭解國內外本行業業務發展情況，瞭解公司的生產流程，熟悉生產計劃與統計管理
	能力素質要求	能力項目	能力標準
		統計分析	對各種生產報表的統計分析能力
		判斷能力	通過報表數據，分析、判斷生產中存在的問題並提出改進意見或建議的能力
		計劃能力	對公司的各項任務指標的計劃規劃能力
		溝通能力	與公司內外相關部門進行工作協調的能力
	職位晉升	可直接晉升的職位	生產部副部長、生產部部長

續表

任職 條件	職位晉升	可相互輪換 的職位	生產調度專員及其他各專員
		可晉升至此 的職位	
		可以降級的 職位	
工作 關係	內部關係	所受監督	受運營總監、生產部部長的指導與監督
		所施監督	對綜合計劃和統計相關工作的監督
		合作關係	與其他部門配合工作的關係
	外部關係	相關上級部門和政府統計機關	
責任 範圍	彙報責任	直接上報____人	間接上報____人
	督導責任	直接督導____人	間接督導____人
	成本責任	電話/手機	每月費用控制在____元之內
		電腦安全	保證電腦的安全使用
		辦公用品設備	對所使用的辦公用品和設備負有最終 成本責任
	資料保密責任	對計劃統計相關資料負有保密責任	
	資料保管責任	對統計資料的保管負有責任	
權力 範圍	權力項目	主要內容	
	建議權	對公司生產統計資料具有分析建議權	
	聯絡權	為完成計劃統計工作,有與本部門及相關部門聯絡、溝通 的權力	

續表

工作範圍	工作依據	負責程度	建議考核標準
1. 輔助編制公司生產計劃： 　在生產部長的領導下，年初組織各子公司(工廠)編制年度生產計劃，並對各子公司(工廠)的年度生產計劃進行平衡與協調，據此編寫整個公司的年度生產計劃；每季、月初組織各子公司制定季、月生產計劃，並進行匯總編寫整個公司的季、月生產計劃	公司相關管理制度規定和公司計劃編制流程規定	全責	年度生產指標的完成情況，季、月生產指標的完成情況
2. 生產計劃實施與協調： 　協助生產部長審核、平衡公司訂單，並將其納入生產計劃；及時向各工廠下發生產任務單；參加公司年度、季、月的生產計劃會議，做好生產會議的組織工作和會議紀要的整理，發放工作，對會議中主管所決定的事項進行檢查及監督	經過審核批准的公司的生產計劃和生產工作會議決議	全責	季、月生產指標的完成情況
3. 生產計劃的檢查監督： 　按主管批准的公司生產計劃，對各工廠的日常生產進行檢查監督；發現問題後，及時向有關主管報告，並提出意見或建議	公司的生產管理制度和考核制度的規定	全責	季、月生產指標的完成情況

續表

4.統計： 　按時收集各下屬單位的統計報表，對各子公司（工廠）的各生產數據進行全面統計，並及時編寫公司統計報表，報主管審批後報送上級單位或政府有關部門	生產統計工作內容和管理制度的相關規定	全責	向上級單位或政府部門報送統計報表的及時準確程度
5.檔案管理： 　各種生產、統計資料的歸檔管理	公司生產統計資料管理制度的規定	全責	各種生產、統計資料的檔案管理情況

十四、生產調度專員

單位：	職位名稱：生產調度專員		編制日期：
部門：生產部	任職人：		任職人簽字：
	直接主管：生產部部長		直接主管簽字：
	直接下屬：＿＿＿人		間接下屬：＿＿＿人
職位編號：	說明書編號：		批准日期：
職位概要： 　負責全公司的生產調度管理工作，協助部長對公司各下屬單位的生產情況進行調度與協調，以確保公司生產計劃的完成			
任職條件	學歷/專業	大專以上，生產管理或企業管理專業	
	必備知識	專業知識	生產與作業管理、計劃管理、成本控制及相關專業知識
		外語要求	較好的英文聽、說、讀、寫能力
		電腦要求	熟練操作辦公軟體

續表

任職條件	工作經驗	三年以上本職位或相關工作經驗	
	業務瞭解範圍	熟悉公司生產流程，瞭解計劃管理、統計管理，掌握生產調度與協調等業務情況	
	能力素質要求	能力項目	能力標準
		統計分析	對各種生產報表的統計分析能力
		判斷能力	通過報表數據判斷生產負荷能力
		調度能力	根據公司的生產情況進行的現場指揮和調度的能力
		溝通能力	與公司內外相關部門進行工作協調的能力
	職位晉升	可直接晉升的職位	生產部部長
		可相互輪換的職位	計劃統計專員及其他各專員
		可晉升至此的職位	生產工人
		可以降級的職位	生產工人
工作關係	內部關係	所受監督	受運營總監、生產部部長的領導與監督
		所施監督	對各生產工廠、分公司(分廠)的生產進行管理和監督
		合作關係	與部內人員和相關部門人員之間的工作關係
	外部關係	與設備維修商、設備供應商的關係	

續表

責任範圍	彙報責任	直接上報___人	間接上報___人	
	督導責任	直接督導___人	間接督導___人	
	成本責任	電話/手機	每月費用控制在___元之內	
		電腦安全	保證電腦的安全使用	
		辦公用品設備	對所使用的辦公用品和設備負有最終成本責任	
	處罰責任	對不按照生產調度指令生產的行為具有處罰的責任		
	調度責任	具有調配生產資源、調度生產作業的責任		
	參會責任	具有參與各種生產工作會議的責任		
權力範圍	權力項目	主要內容		
	監察權	對生產任務、生產作業是否按照生產調度要求進行負有監督檢查權		
	調配權	對生產資料、設備使用具有調配權		
	聯絡權	對相關部門、工廠、分廠的工作負有聯繫的權力		

工作範圍	工作依據	負責程度	建議考核標準
1. 生產調度: 按公司年度生產計劃,根據各子公司(工廠)的生產情況,協助部長進行人力、原材料、設備的合理調度	生產管理制度的規定	部份	年度生產計劃的完成情況
2. 日常生產監控: 按照生產計劃監督工廠的生產進度,協調生產過程中的各項工作;根據需要適時召開各類小型生產調度會議,及時處理各類突發事件	生產調度管理制度和崗位職責要求	全責	季、月生產指標的完成情況
3. 定期組織召開生產調度會議: 參加生產調度會議,編發生產調度會議紀要,並根據主管指示向各子公司(工廠)發佈「調度令」,確保各子公司(工廠)生產的順利進行	生產調度管理制度和崗位職責要求	全責	生產調度會議召開情況和會議精神執行情況

十五、運輸員

工作概述	負責運輸車輛的調度、運作、維護等各項管理工作，處理運輸過程中出現的各類問題和事故，確保運輸工作順利完成		
工作職責及考核	**工作職責**	**負責程度**	**考核標準**
	1. 針對不同的運輸任務和要求選擇不同的運輸方式，合理規劃運輸線路	部份	在滿足運輸要求的情況下，使運輸成本最小化
	2. 根據運輸需求為公司評價、選擇合適的承運商，並上報運輸經理批准	部份	保持＿＿家以上具有合作關係的承運商
	3. 確保已出庫貨物的安全、及時和準確運達，及時對貨物信息進行跟蹤	全責	貨物準時到達率達＿＿% 貨物運輸準確率達＿＿%
	4. 對承運商進行管理和監控，確保公司所運貨物的安全	部份	運輸安全事故發生率低於＿＿%
	5. 協助運輸部經理做好運輸安全管理和員工培訓工作，加強部門員工安全意識	部份	部門員工安全考核合格率達＿＿%
	6. 根據調度結果，認真落實公司安排的運輸任務，保證運輸任務按時完成	全責	運輸任務按時完成率達到100%
	7. 協助運輸經理對駕駛員、押運員等運輸部門人員進行管理，定期對其進行考核	部份	考核工作按時完成
	8. 嚴格執行費用支出計劃，保證運輸任務的順利完成	全責	運輸成本控制在預算範圍之內

續表

職業 發展	可晉升職位	可輪換職位
	運輸經理	配送主管 貨代主管

工作 環境	1. 工作場所：室內，偶爾在室外貨場 2. 工作時間：正常工作時間，偶爾需要夜晚加班 3. 環境條件：基本舒適 4. 使用設備：運輸車輛、電腦、電話、傳真等

崗位關係：

上級關係

運輸經理

彙報工作　接受監督

同級關係　倉儲主管　協作　運輸主管　配合　配送主管

監督

向下關係　運輸司機　車輛調度員　押運員

十六、設備管理專員

單位：	職位名稱：設備管理專員	編制日期：
部門：生產部	任職人：	任職人簽字：
	直接主管：生產部部長	直接主管簽字：
	直接下屬：＿＿＿人	間接下屬：＿＿＿人
職位編號：	說明書編號：	批准日期：

職位概要：

負責公司的生產設備管理、新設備的購置、設備日常維修維護、設備台賬與檔案的管理，以及設備的折舊、報損、報廢的處理等；確保公司各種生產設備的正常運行，有效地提高設備的完好率及使用率，保證公司年度經營計劃的實現

任職條件	學歷/專業		大專以上，機械製造、設備管理專業
	必備知識	專業知識	機械設備作業管理、機械製造原理、儀器儀錶、設備維修與養護及其他相關知識
		外語要求	較好的英語聽、說、讀、寫能力
		電腦要求	熟練使用辦公軟體
	工作經驗		三年以上本職位或相關工作經驗
	業務瞭解範圍		瞭解公司內部生產流程與經營狀況，全面掌握機械設備維護與管理的專業知識，全面瞭解本行業新型設備的最新信息
	能力素質要求	能力項目	能力標準
		專業能力	良好的專業素質和理論水準
		技術能力	設備管理實踐中的技術能力
		危機處理能力	對臨時性問題和突發問題的緊急處理能力

續表

任職條件	職位晉升	可直接晉升的職位	生產部部長	
		可相互輪換的職位	安全管理專員及其他各專員	
		可晉升至此的職位		
		可以降級的職位		
工作關係	內部關係	所受監督	受運營總監和生產部部長的監督和領導	
		所施監督	對設備操作人員操作行為的管理和監督	
		合作關係	同部內同事及其他部門（主要為生產部門）人員之間的工作關係	
	外部關係		與設備維修商、設備供應商的關係	
責任範圍	彙報責任		直接上報＿＿＿人	間接上報＿＿＿人
	督導責任		直接督導＿＿＿人	間接督導＿＿＿人
	成本責任		電話/手機	每月費用控制在＿＿＿元之內
			電腦安全	保證電腦的安全使用
			辦公用品設備	對所使用的辦公用品和設備負有最終成本責任
	設備檔案保管責任		對設備檔案，如設備名稱、生產廠家、技術指標等信息資料有保管的責任	

續表

責任範圍	維修責任	對設備的維修負有直接責任		
	延遲生產責任	對因沒有及時檢修設備造成的生產損失負有責任		
	保障責任	對生產所需用的所有設備的正常運行負有保障責任		
	培訓責任	對生產工人和操作人員負有培訓的責任		
權力範圍	權力項目	主要內容		
	處罰權力	對生產工人誤操作設備及故意損害設備的行為有處罰的權力		
	建議權	對達到使用期限的設備有建議報廢的權力		
工作範圍		工作依據	負責程度	建議考核標準
1.編制制度： 　編寫設備管理的各項規章制度，如設備日常管理制度、設備潤滑制度、設備大修制度等，報主管審批並嚴格監督執行		公司的管理制度規定和品質管理體系中對設備管理的要求	全責	設備管理的各項規章制度執行情況
2.審核新增設備採購申請： 　審核各子公司（工廠）新增設備購置計劃，並報總裁審批		企業生產情況和設備現狀分析	全責	新購設備的可行性評估情況
3.編制年度設備大修計劃，並實施		公司設備管理制度規定和設備使用說明書	全責	設備大修計劃的可行性和實施情況
4.設備管理： 　進行生產設備調撥、分配及清點，並建立設備台賬和檔案；定期盤點公司現有的設備，並辦理設備的折舊、報損及報廢手續		公司設備管理制度的規定和設備使用說明書	全責	設備的完好情況、設備的使用情況，以及對生產的保障情況

續表

5.維修養護管理： 　對生產設備的維修、保養進行 統一管理，定期或不定期對設備 進行檢查，使設備達到規定的養 護標準；組織、指導、監督維修 員工的業務工作，使其提高工作 品質和改善服務態度	公司設備管理 制度的規定和 設備使用說明 書	全責	設備的完好情況、 設備的使用情況， 以及對生產的保障 情況

十七、產品開發工程師

單位：	職位名稱：產品開發工程師		編制日期：
部門：技術開發部	任職人：		任職人簽字：
	直接主管：技術開發部部長		直接主管簽字：
	直接下屬：＿＿人		間接下屬：＿＿人
職位編號：	說明書編號：		批准日期：

職位概要：
　組織為公司研製、設計、開發新產品及更新換代產品，對公司相關部門提供技術支援，確保公司產品技術開發水準，不斷提高公司產品研發能力

任職 條件	學歷/專業		本科以上學歷，本行業相關專業
	必備 知識	專業知識	新材料、新產品的技術開發相關專業知識
		外語要求	較強的英語閱讀能力和交流能力
		電腦要求	熟練操作電腦，熟練使用技術管理、產品開發等相關軟體
	工作經驗		三年以上相關產品研發經驗

續表

任職條件	業務瞭解範圍	行業技術發展水準	全面瞭解國內外本行業技術發展的最新動向和最新信息
		專業技術知識	全面瞭解與本企業產品相關的技術知識
		新產品研發知識	掌握相關新技術、新材料的應用和改進等技術知識
		研發組織管理	對相關技術團隊的組織和管理以保證研發成效的能力
	能力素質要求	能力項目	能力標準
		研發能力	對新產品、新技術具備專業開發能力
		組織能力	組織下屬成員開發、研究產品相關技術，不、斷提高企業技術水準的能力
	職位晉升	可直接晉升的職位	技術開發部部長
		可相互輪換的職位	
		可晉升至此的職位	產品開發技術員
		可以降級的職位	產品開發技術員
工作關係	內部關係	所受監督	受技術總監和技術開發部部長的領導和監督
		所施監督	對下屬產品開發技術員的工作進行直接的指導和監督
		合作關係	與相關部門的溝通和協作關係
	外部關係		與政府相關技術管理部門、科研院所和相關企業的技術部門之間的關係

續表

責任範圍	彙報責任		直接上報＿＿人	間接上報＿＿人
	督導責任		直接督導＿＿人	間接督導＿＿人
	培育責任	培育下屬	對下屬技術員進行產品研發方法、技術方面的指導和培訓	
		專業培育	為下屬技術人員技術水準的提升進行的培訓和管理	
	成本責任	電話/手機	每月費用控制在＿＿元之內	
		電腦安全	保證電腦的安全使用	
		辦公用品設備	對所使用的辦公用品和設備負有最終成本責任	
	保密責任		對公司產品研發方面的資料、技術檔案具有保密責任	
	檔案管理責任		組織下屬技術員對與產品研發的相關資料進行歸檔、管理的責任	
權力範圍	權力項目		主要內容	
	審核權		對產品研發方面的項目立項選擇、技術方法、操作手段、研發成果等具有審核權	
	考核權		對技術員的工作成果具有考核權	
	聯絡權		負有對公司內相關部門、公司外組織的聯絡權	

續表

工作範圍	工作依據	負責程度	建議考核標準
1. 產品開發： 　在技術開發部領導的指導下實施產品開發、研製工作，制訂開發計劃	公司技術管理制度和崗位說明書	全責	產品研發進程和效果
2. 產品開發實施： 　執行產品研發方案，並進行產品鑑定、生產轉化、技術規範制訂等工作	產品研發管理的相關規定	全責	產品研發管理的實際成果
3. 關注研發動態： 　積極關注行業發展動態，積累研發素材	技術管理相關規定	全責	技術信息收集對產品研發的支援情況
4. 總結經驗： 　總結產品研發經驗，持續提高產品性能。	技術管理相關規定	全責	產品性能改善情況
5. 產品技術轉化： 　主持產品技術轉化工作	公司技術管理相關規定	全責	技術成果轉化情況
6. 技術支援： 　提供技術支援，根據用戶或公司其他部門的要求進行設計修改和設計改進	產品技術標準和公司的相關管理規定	全責	技術對相關工作的支援情況

十八、產品開發技術員

單位：	職位名稱：產品開發技術員	編制日期：
部門：技術開發部	任職人：	任職人簽字：
	直接主管：產品開發工程師	直接主管簽字：
	直接下屬：＿＿＿人	間接下屬：＿＿＿人
職位編號：	說明書編號：	批准日期：

職位概要：

協助產品開發工程師完成產品研製、開發的日常事務工作

任職條件	學歷/專業		大專以上學歷，本行業相關專業
	必備知識	專業知識	產品研發、技術管理相關專業
		外語要求	具有良好的英語閱讀能力
		電腦要求	熟練使用AutoCAD、Office等電腦軟體
	工作經驗		兩年以上相關行業工作經驗
	業務瞭解範圍	產品性能知識	充分瞭解本公司產品的性能和特點，掌握產品設計原理、技術參數等
		產品研發知識	熟練掌握新產品研發、試製方面的知識和技能
	能力素質要求	能力項目	能力標準
		研發能力	具備新產品研發、試製方面的能力
	職位晉升	可直接晉升的職位	產品開發工程師
		可相互輪換的職位	
		可晉升至此的職位	

續表

任 職 條件	職位晉升	可以降級的職位	
工作關係	內部關係	所受監督	受產品技術開發部部長和產品開發工程師的領導和監督
		所施監督	對新產品的研發過程施以監控
		合作關係	在產品研發過程中與企業內其他部門的合作關係
	外部關係		與企業外部相關部門之間的聯繫和合作，包括政府專利部門、科研院所、高校、行業組織及國外技術組織等
責任範圍	彙報責任		直接上報____人　間接上報____人
	督導責任		直接督導____人　間接督導____人
	成本責任	電話/手機	每月費用控制在____元之內
		電腦安全	保證電腦的安全使用
		辦公用品設備	對所使用的辦公用品和設備負有最終成本責任
	保密責任		
	檔案管理責任		
	參會責任		參與公司內相關會議的責任

續表

權力範圍	權力項目	主要內容		
	審核權	對產品研發相關的技術信息、資料具有審核權		
	聯絡權	有聯絡相關部門共同完成新產品研製、開發的權力		
工作範圍		工作依據	負責程度	建議考核標準
1. 協助： 協助產品開發王程師完成產品研發項目		相關產品開發的技術管理規定	部份	產品研發立項情況和研製進度情況
2. 編制產品文件： 按進度完成工作計劃，及時記錄各種重作要素，編制齊全的產品文件		產品研發相關管理規定	全責	研發工作計劃完成程度
3. 編制產品開發流程： 嚴格遵循新產品開發流程，保質保量完成試製工作		產品研發相關管理規定	全責	新產品試製結果
4. 試生產： 會同產品技術工程師完成試生產，處理試生產中的設計問題		產品研發相關管理規定	部份	新產品試生產情況
5. 樣品製作： 指導樣品的製作，並對性能指標進行驗證		產品研發相關管理規定	部份	樣品性能檢驗結果
6. 客戶服務與技術支援： 協助品質、市場部門解決客戶技術問題，協助銷售部做好客戶服務		公司的相關管理規定	全責	相關部門的滿意程度

十九、質控工程師

單位：	職位名稱：質控工程師	編制日期：
部門：品質管理部	任職人	任職人簽字：
	直接主管：品質管理部部長	直接主管簽字：
	直接下屬：＿＿＿人	間接下屬：＿＿＿人
職位編號：	說明書編號：	批准日期：

職位概要：

負責生產過程中的品質控制工作及原材料的檢驗，弗對生產技術進行監督和檢查；及時對生產過程中的品質問題進行妥善處理，確保公司產品品質合格，並穩定提高其合格率

任職條件	學歷/專業		大學本科以上
	必備知識	專業知識	品質管理、ISO9000認證及相關產品生產等專業知識
		外語要求	國家四級以上
		電腦要求	熟練操作辦公軟體和品質管理方面的應用軟體
	工作經驗		相關行業四年以上相關工作經驗
	業務瞭解範圍		全面掌握頒佈的品質標準和國際認證的品質標準，熟悉品質認證的標準文件，全面瞭解公司生產作業流程
	能力素質要求	能力項目	能力標準
		分析能力	對品質問題、質量數據準確的判斷和趨勢分析能力
		解決問題能力	對品質保證和品質管理中對品質問題的解決能力
		協調能力	組織協調相關部門查找品質問題原因，並找出改進方法

續表

任職條件	職位晉升	可直接晉升的職位	品質管理部部長	
		可相互輪換的職位	認證工程師	
		可晉升至此的職位	品質員	
		可以降級的職位	品質員	
工作關係	內部關係	所受監督	在技術總監和品質管理部部長的指導下進行企業產品品質方面的相關工作	
		所施監督	對下屬技術人員的工作指導和監督	
		合作關係	與公司內其他部門關於品質控制工作的協調和溝通	
	外部關係	與政府品質管理部門、相關組織的關係		
責任範圍	彙報責任	直接上報____人	間接上報____人	
	督導責任	直接督導____人	間接督導____人	
	培育責任	培育下屬		
		專業培育		
	成本責任	電話/手機	每月費用控制在____元之內	
		電腦安全	保證電腦的安全使用	

續表

責任範圍	成本責任	辦公用品設備	對所使用的辦公用品和設備負有最終成本責任
	品質問題判定責任	對公司內部品質問題負有判定結果、追究相關人員(部門)責任的義務	
	參會責任	參與生產、技術等部門及公司組織的相關品質控制問題的會議	
	檔案管理責任	對公司內部品質管理信息、文檔、品質問題處理結果等相關文件具有歸檔管理的責任	

	權力項目	主要內容
權力範圍	審核權	對公司品質控制問題及品質管理中的重大問題具有審核權
	監察權	對公司內生產過程品質監控以及原材料、產成品的檢驗工作具有監督、檢查權
	聯絡權	為控制公司產品品質水準而與相關部門的聯絡權

工作範圍	工作依據	負責程度	建議考核標準
1. 編制公司品質檢驗規程和標準，並監督執行： 編制產品品質檢驗規程及新產品企業標準和內控標準，上報主管審批並嚴格執行；對品質管理的重點控制項目進行管理	公司品質管理目標	全責	產品品質檢驗規程執行情況
2. 原材料檢驗： 對原材料的品質進行檢驗，嚴格把關；對外協工廠的產品品質進行檢驗、評價	檢驗制度相關規定	全責	原材料和外協產品的合格率

3.品質監控： 　進行生產過程中的品質控制，對生產過程中的技術進行監督、檢查，對生產過程中中間品的品質進行跟蹤控制；發現問題及時進行處理	過程控制和在製品管理相關規定	全責	過程檢驗準確率
4.產成品檢驗： 　對完工產品的檢驗、對不合格產品的處理及對合格產品的管理	產品品質檢驗的相關規定	全責	一次交檢準確率
5.品質控制： 　信息的分析和品質管理文檔的管理收集、分析品質信息，並做好相應的對工作；品質控制記錄，品質管理文件分類整理並存檔	品質分析和品質文件管理相關規定	全責	品質分析情況和品質文件管理情況

二十、品質管理經理

項目	具體說明	權重
職責概述	建立公司產品品質控制體系及標準，推進公司品質體系的運作與實施，全面提升公司產品的品質	
工作職責	職責一：本部門規章制度建設	10%
	工作任務 1.組織制定公司品質管理的各項規章制度 2.組織執行透過審批的各項制度，並根據企業的實際發展情況適時對其進行修訂	
	職責二：品質管理體系的建設與推進	20%
	工作任務 1.組織制定技術標準、服務標準等文件，使之形成公司的品質管理體系 2.協調公司內外相關部門，積極組織各項品質體系的運作和實施	
	職責三：品質檢驗管理	30%
	工作任務 1.組織進行原材料的品質檢驗工作 2.組織對外協廠的產品品質進行檢驗、評價 3.組織、指導各子公司(工廠)開展生產過程各工序檢驗，並依據技術文件對完工後的產成品進行出廠檢驗，保證出廠產品合格	
	職責四：品質控制與分析	30%
	工作任務 1.組織對生產過程中中間品的品質進行跟蹤控制 2.及時對生產過程中的品質問題進行妥善處理 3.會同售後服務部門聽取客戶意見，組織對產品品質問題和客戶意見進行分析，並提出改進措施	
	職責五：部門人員管理	10%
	工作任務 1.負責部門日常工作的安排、任務分配及監督指導工作 2.負責本部門人員的選拔、培訓、考核、激勵等管理工作	

續表

KPI 指標	1. 財務類：品質管理費用 2. 內部運營類：原輔材料現場使用合格率、產品直通率、產品品質合格率 3. 客戶類：品質投訴率、部門協作滿意度 4. 學習和發展類：核心員工保有率、品質培訓計劃達成率
工作 協作 關係	內部　　　　　總經理　　　　　外部 副總經理 生產部門　　　　　　　　　　　　品質管理部門 採購部門　← 品質管理經理 →　行業協會 財務部門等　　　　　　　　　　　供應商 品質檢驗主管
工作 權限	權限 1：對生產中發現的品質問題具有核查、實施處罰的權力 權限 2：對各種品質檢驗報表的審核權 權限 3：對部門內部員工聘任、解聘的建議權 權限 4：對下屬業務工作的指導權與考核權

二十一、採購比價員

職位名稱：比價員	直接上級：財務經理	所屬部門：財務部
工資等級：×職系×等	工資水準：	分析日期：2010 年 4 月
轄員人數：	定員人數：3 人	工作性質：支持人員
分析人員：	批准人：	
工作職責	1. 負責公司商品的價格信息的收集、整理、調查、核實 2. 跟蹤商務部進貨價格，對公司採購商品的進貨成本實行比價，每週提供比價員的工作報告 3. 對公司銷售商品的價格進行統計分析，定期編制公司的價格信息回饋表 4. 對公司費用性支出實施監督，制定各類費用支出標準，對發生　的費用進行抽查和比價 5. 配合公司行銷策略，負責對供應商和同類競爭的貨源、價格策略進行分析研究，為公司決策提供依據 6. 完成公司主管安排的其他相關工作 7. 比價員工作工作設置在財務中心。直接接受公司總會計師管理 8. 比價員擁有獨立比價的權力，公司任何部門不得以任何理由拒絕比價員詢問 9. 比價員直接寫比價工作報告，經總會計師簽字後報告總經理，可以不通知相關部門 10. 比價員對比價結果超過公司可接受合理範圍的，有權報請總經理制止有關部門繼續發生類似行為 11. 比價員必須嚴格執行公司財務保密制度。公司所有價格信息不得向任何第三者透露 12. 比價員必須堅守本職工作，秉公辦事，必須服從主管的工作安排. 不得拒絕主管分配的工作		

續表

工作關係	1. 所施監督：在規定權限內自行處理業務，遇特殊情況向主管請示 2. 所受監督：受財務經理的監督 3. 可直接升遷的工作：財務經理 4. 可相互轉換的工作：信用管理員、統計員、出納員、會計 5. 可升遷至此的工作：
考核標準	從 10 個方面來考核：工作績效(包括工作品質、工作數量)、工作態度、工作能力、專業知識、責任心、發展潛力、企業文化、協調合作、品德言行、成本意識
工作場所	1. 工作時間：早 8：00～晚 5：00，經常加班 2. 工作環境和條件：室內 3. 工作均衡性：比較忙碌
任職資格	1. 所需學歷及專業： · 最低學歷及專業：大專以上學歷 · 其他說明：其他專業同等學歷也可 2. 所需技能培訓(上崗資格)： · 培訓時間：6 個月 · 培訓科目：會計、電腦、企業文化 · 所需經驗：1 年以上相關工作經

一般能力	項目	激勵能力	計劃能力	人際關係	協調能力	實施能力	信息能力	公共關係	衝突管理	組織人事	指導能力	領導能力	溝通能力
	需求程度(5分為滿分)	3	3	3	3	3	3	3					3

基本素質	1. 有會計或經濟管理初級以上專業職稱 2. 認同公司企業文化和經營理念 3. 作風正派，自律能力強，有很強的團隊合作精神 4. 嚴格遵守公司各項規章制度	個性特徵	1. 有責任心 2. 性格沉穩、辦事老練 3. 善於協調、善於溝通 4. 細緻、耐心 5. 心胸開闊
體能要求	身體健康，能承受快節奏、滿負荷的工作，能保證隨時加班		

二十二、秘書

職位名稱：秘書		職位號：315		批准：RHS	
所屬部門全稱		位置全稱	向誰彙報		有效日期
工作概述	為經理同時常常也為其他重要職能人員完成事務性和行政性職責				
工作職責	1. 完成大量的辦公室工作，主要內容如下： · 能獨立、熟練地對筆記、錄音和手寫信件、報告、底稿、圖表等資料進行錄入 · 接聽電話，得體地接待來訪客人，並高效率地處理來函來件 · 起草常規信函、處理查詢，並把非常規查詢和信函轉交有關人員 · 建立並保存部門的文件和記錄 · 負責安排約見和會議，篩選所接電話，對完成這些工作所需的辦公設備進行操作 · 根據指示來履行管理職責和特殊任務，例如收集並編輯出關於公司、分部或部門實際中和工作程序上的參考資料 2. 獨立開展工作，無需接受更多的管理和指導：將管理從瑣碎的、不重要的管理事務中解脫出來，對本部門內其他人員給予適當的工作指導 3. 工作時間：一般在規定時間內完成，無需加班加點 4. 工作評價： 　基本訓練：　　　　熟練程度：　　　　智力條件： 　體力條件：　　　　工作環境：　　　　工作責任： 　教育程度：　　　　其他：　　　　　　本職位評估結果：				

任職資格	高中學歷或同等學力,並要求有 3 年相關的工作經驗,其中包括 1 年公司工作經歷。文字處理速度為每分鐘不低於 60 個單詞。精通英語語法、標點、拼寫和詞的用法。必須能預見問題,具備良好的判斷力,能靈活處理機密事務,篩選電話來訪者,恰當安排上司的工作時間。必須通曉組織中的政策、工作程序和人事關係。以減輕上司在具體管理事務上的負擔。根據具體工作的特點,可能要求具有基本的文字能力及對某些文件處理軟體的瞭解。
	考核項目:
	1. 核對稿件:每分鐘至少 40 字(最佳為 60 字)
	2. 打字:每分鐘至少 45 字,超過 55 字最為理想
	3. 速記:每分鐘至少 100 字,120 字為合格
	4. 專門知識:秘書學、速記方法、公文寫作等
	5. 寫作能力:行文格式正確,語言通順簡潔,內容充實,結構嚴謹
	6. 心理測試:考察情緒穩定性。接受外界信息的靈敏、機警性

二十三、會計員

單位:	職位名稱:會計員	編制日期:
部門:財務部	任職人:	任職人簽字:
	直接主管:總會計師	直接主管簽字:
	直接下屬:＿＿＿人	間接下屬:＿＿＿人
職位編號:	說明書編號:	批准日期:
職位概要: 輔助財務部長和總會計師制訂公司會計核算細則,擬訂公司財務計劃,編制各種會計報表,並及時時行會計分析和評價		

續表

任職條件	學歷/專業		大專以上學歷
	必備知識	專業知識	會計、財務、審計知識或相關專業知識
		外語要求	英語讀寫流利
		電腦要求	熟練應用財務軟體和辦公軟體
	工作經驗		三年以上企業財務工作經驗，豐富的賬務處理、稅務處理、銀行貸款等財務實踐經驗，有審計、收購、融資、上市運作等工作經驗。有會計師事務所工作經驗者優先
	業務瞭解範圍	會計學	會計核算和賬務處理的理論與實務
		審計學	審計管理的理論和方法
		稅務學	稅收管理的相關理論和知識
		財務管理	財務管理的理論和實務
	能力素質要求	能力項目	能力標準
		業務能力	熟悉中外財務制度，掌握財務管理、財務分析和管理會計的知識熟悉會計法規和相關稅收政策，熟悉稅務制度和報稅流程，熟悉銀行業務
		分析能力	對會計賬目、財務狀況的分析評價能力
	職位晉升	可直接晉升的職位	總會計師、財務部部長
		可相互輪換的職位	其他財務管理專員
		可晉升至此的職位	
		可以降級的職位	
工作關係	內部關係	所受監督	受財務部長和總會計師的直接領導和監督
		所施監督	對會計核算和賬務處理工作的直接監控

續表

工作關係	內部關係	合作關係	與財務部其他成員及企業其他部門之間核算關係
	外部關係	同銀行、稅務機構、審計機構的關係	

責任範圍	彙報責任	直接上報____人	間接上報____人
	督導責任	直接督導____人	間接督導____人
	培育責任	培育下屬	
		專業培育	
	成本責任	電話/手機	每月費用控制在____元之內
		電腦安全	保證電腦的安全使用
		辦公用品設備	對所使用的辦公用品和設備負有最終成本責任
	財務責任	對財務科目出現偏差負主要責任	
	稅務責任	對稅收的計算和繳付負主要責任	
	檔案管理責任	對會計檔案的損失、丟失等負主要責任	

權力範圍	權力項目	主要內容
	監督權	對會計核算和賬務處理有監督權
	核查權	對費用分攤和成本歸集具有核查權

- 218 -

續表

工作範圍	工作依據	負責程度	建議考核標準
1. 制訂計劃： 協助財務總監制訂業務計劃、財務預算，監督計劃實施	企業財務管理制度相關規定	部份	各項計劃、預算的編制情況
2. 編制財務報表： 負責財務核算、審核、監督工作，按照公司及政府有關部門要求及時編制各種財務報表，並報送相關部門	企業財務管理制度相關規定	全責	財務核算情況和報表編制情況
3. 審核費用： 負責員工報銷費用的審核、憑證的編制和登賬	企業財務管理制度相關規定	全責	報銷事宜處理結果
4. 記賬： 對已審核的原始憑證及時填制記賬憑證並記賬	企業財務管理制度相關規定	全責	賬務處理情況
5. 執行委派工作： 執行財務經理和財務總監委派的各類財務工作	企業財務管理制度相關規定	全責	對交付工作的完成情況
6. 應對銀行： 處理與銀行相關的會計事務	企業財務管理制度相關規定	全責	工作完成情況及客戶滿意情況
7. 現金流預測： 對月現金流量進行預測並準備預測的相關報告	企業財務管理制度相關規定	全責	相關報告的編制情況

二十四、出納員

單位：	職位名稱：出納員	編制日期：
部門：財務部	任職人：	任職人簽字：
	直接主管：財務部部長	直接主管簽字：
	直接下屬：＿＿＿人	間接下屬：＿＿＿人
職位編號：	說明書編號：	批准日期：

職位概要：

　按照有關法規及公司財務制度，負責票據審核工作，負責現金的出納和管理，負責銀行和賬目的核對及工資的發放等

	學歷/專業	中專以上學歷	
任職條件	必備知識	專業知識	會計學專業、投資學專業及管理學專業知識
		外語要求	無嚴格要求
		電腦要求	熟練使用各種財務軟體和辦公軟體
	工作經驗	兩年以上相關工作經驗，具有助理會計師職稱	
	業務瞭解範圍	瞭解財務法規、稅法，全面掌握現金、銀行存款、票據傳遞等財務制度，熟悉財務軟體的基本操作	
	能力素質要求	能力項目	能力標準
		現金管理能力	熟知現金收支管理的基本制度
		業務能力	對出納業務的操作能力
		溝通能力	與相關部門人員的溝通與協調能力
	職位晉升	可直接晉升的職位	會計主管
		可相互輪換的職位	會計員

任職條件	職位晉升	可晉升至此的職位	
		可以降級的職位	
工作關係	內部關係	所受監督	受財務部部長的直接領導和監督
		所施監督	對出納業務活動中的工作進行監督
		合作關係	同本部門其他財務人員的合作關係及與企業其他部門成員的業務往來關係
	外部關係		同銀行部門的業務往來關係
責任範圍	彙報責任	直接上報＿＿＿人	間接上報＿＿＿人
	督導責任	直接督導＿＿＿人	間接督導＿＿＿人
	培育責任	培育下屬	
		專業培育	
	成本責任	電話/手機	每月費用控制在＿＿＿元之內
		電腦安全	保證電腦的安全使用
		辦公用品設備	對所使用的辦公用品和設備負有最終成本責任
	保密責任		對出納業務相關的企業機密事項具有保密責任
	現金支出責任		對現金支出中發生的現金短缺負有最終責任
	單證責任		對單據、票證的保存、保管、丟失負有責任

續表

權力範圍	權力項目	主要內容
	審核權	有審核相應業務單據，確定是否支付現金的權力
	建議權	對現金管理有建議權

工作範圍	工作依據	負責程度	建議考核標準
1. 現金收付： 根據銀行結算制度和公司報銷制度，審核原始憑證的合法性、準確性，準確、及時完成現金收付工作及報銷工作，對現金的收付開具或索取相關票據	企業財務管理制度相關規定	全責	現金收付出錯率
2. 日記賬登錄： 及時登錄現金日記幾和銀行日記賬，每日進行現金賬款盤存，並填寫出納日報表，報送部長，並及時將原始憑證傳遞給會計師	企業財務管理制度相關規定	全責	日記賬登錄每日進行，準確率、實現率
3. 現金的提存與保管： 根據經營需要，按公司有關規定提取、送存和保管現金，保證經營活動的正常運行。準確、及時完成清查現金和銀行存款工作，保證賬賬相符、賬實相符	企業財務管理制度相關規定	全責	現金收付出錯率
4. 發放工資和報銷有關款項： 負責工資的按期發放、保管、郵寄工作，並及時匯總，編制憑證記賬，並負責有關款項的報銷	企業財務管理制度相關規定	全責	工資發放準確率、及時率及有關款項的報銷情況

續表

5.空白支票和印鑑管理： 保管空白支票和有關財務印鑑，按照規定程序使用票據和印鑑，並設登記賬簿負責登記，辦理領用、注銷手續	企業財務管理制度相關規定	全責	空白支票和印鑑管理情況
6.憑證管理： 根據每月會計原始資料，保存、管理相關憑證，保證憑證完整，以便隨時調用查閱	企業財務管理制度相關規定	全責	憑證管理保存情況

二十五、招聘專員

單位：	職位名稱：招聘專員		編制日期：
部門：人力資源部	任職人：		任職人簽字：
	直接主管：人力資源部部長		直接主管簽字：
	直接下屬：＿＿＿人		間接下屬：＿＿＿人
職位編號：	說明書編號：		批准日期：

職位概要：
　制訂並執行公司的招聘計劃和招聘制度，安排應聘人員的面試工作

	學歷/專業	本科以上學歷	
任職條件	必備知識	專業知識	人力資源管理、勞工關係管理、行政管理
		外語要求	四級以上
		電腦要求	熟練使用辦公軟體，熟練應用網路
	工作經驗	一年以上人力資源管理工作經驗	
	業務瞭解範圍	招聘知識	瞭解招聘、面試的相關技巧和知識
		人力資源管理知識	瞭解人力資源管理中人才招聘流程

續表

任職條件	業務瞭解範圍	人才市場情況	對行業內人才市場現狀有清楚的認識
	能力素質要求	能力項目	能力標準
		語言表達能力	準確、清晰、生動地向應聘人員介紹企業情況，準確、巧妙地解答應聘者的相關問題
		文字表達能力	招聘信息、表格、文件的制訂和書寫
		觀察能力	準確地把握應聘者技能和素質
	職位晉升	公共能力	較強的公關能力，對行業招聘情況的瞭解
		可相互輪換的職位	人力資源部部長
		可晉升至此的職位	培訓專員、薪酬福利專員、人事專員
		可以降級的職位	
工作關係	內部關係	所受監督	受人力資源總監、人力資源部長的領導和監督
		所施監督	在人才招聘過程中的監督和管理
		合作關係	同公司相關部門就人才需求情況的溝通和協作
	外部關係	同人才市場、高校、政府部門等相關機構的聯繫	

續表

責任範圍	彙報責任	直接上報＿＿＿人	間接上報＿＿＿人		
	督導責任	直接督導＿＿＿人	間接督導＿＿＿人		
	培育責任	培育下屬			
		專業培育			
	成本責任	電話/手機	每月費用控制在＿＿＿元之內		
		電腦安全	保證電腦的安全使用		
		辦公用品設備	對所使用的辦公用品和設備負有最終成本責任		
	人力資源建設責任	對企業人力資源儲備情況和人力資源的建設負有責任			
	參會責任	有參與公司人才需求會議及本部門各項會議的責任			
權力範圍	權力項目	主要內容			
	面試權	參加對應聘人員結構化面試的權力			
	財務權	對招聘用的測試軟體、考核資料的購買，具有財務審批權			
	建議權	對有特殊才能的應聘人員，有向部門經理建議的權力			

工作範圍	工作依據	負責程度	建議考核標準
1.編制企業人才招聘計劃：根據企業發展情況及各部門人才需求計劃，編制企業人才招聘計劃	企業各崗位人員變動情況和企業發展要求	全責	人才招聘計劃的準確性和有效性
2.招聘：制訂、完善和執行企業的招聘管理制度，並不斷修正招聘工作流程	公司人力資源管理制度的相關要求	全責	企業招聘制度建設情況和效果
3.發佈信息：招聘信息的起草和發佈	公司人力資源管理制度的相關要求	全責	招聘效果和文案協作情況

4.尋求合作： 尋求與人才市場、招聘機構的合作	公司人力資源管理制度的相關要求	全責	合作效果
5.校園招聘： 制訂並執行校園招聘計劃，進行校園招聘	公司人力資源管理制度的相關要求	全責	校園招聘的效果
6.甄選簡歷： 進行簡歷甄別、篩選、聘前測試、初試等相關工作。	部門人才需求及部門崗位說明書	全責	招聘人員的適用程度
7.復試： 安排初試合格的人員進行復試，確定合適人才	部門人才需求及部門崗位說明書	全責	協調相關部門組織好復試
8.人才錄用： 人才錄用的相關工作	公司人力資源管理制度的相關要求	全責	保證錄用的人才及時上崗

二十六、培訓專員

單位：	職位名稱：培訓專員	編制日期：
部門：人力資源部	任職人：	任職人簽字：
	直接主管：人力資源部部長	直接主管簽字：
	直接下屬：＿＿＿人	間接下屬：＿＿＿人
職位編號：	說明書編號：	批准日期：

職位概要：

依據公司發展戰略目標，編寫和實施員工培訓計劃，配合部長組織、協調公司各部門、各子公司(工廠)的員工培訓工作；開發員工潛能、提高員工素質、增強公司市場競爭能力，為公司經營、管理提供人力資源的保障和支援

	學歷/專業		大專以上學歷
任職條件	必備知識	專業知識	人力資源管理、員工培訓管理、法律和行政管理等
		外語要求	四級以上
		電腦要求	熟練使用辦公軟體,熟練應用網路
	工作經驗		三年以上大、中型企業或外資企業相關職位工作經驗
	業務瞭解範圍		瞭解有關政策法規,熟悉人力資源管理知識,瞭解國內外行政、人力資源管理體系與職能情況,掌握國際、國內人力資源管理的新動向
	能力素質要求	能力項目	能力標準
		說服能力	對培訓課程的內容具備很強的說服力
		影響能力	對員工行為的影響能力
		組織能力	組織企業各種培訓活動的能力
	職位晉升	可直接晉升的職位	人力資源部部長
		可相互輪換的職位	招聘專員、薪酬福利專員、人事專員
		可晉升至此的職位	
		可以降級的職位	
工作關係	內部關係	所受監督	受人力資源總監、人力資源部長的領導和監督
		所施監督	在人才培訓過程中的監督、管理
		合作關係	同公司相關部門對人才培訓情況的溝通和協作

續表

工作關係	外部關係	同學校、研究所、諮詢公司、專業培訓機構等相關機構的關係	
責任範圍	彙報責任	直接上報＿＿＿人	間接上報＿＿＿人
	督導責任	直接督導＿＿＿人	間接督導＿＿＿人
	培育責任	培育下屬	
		專業培育	
	成本責任	電話/手機	每月費用控制在＿＿＿元之內
		電腦安全	保證電腦的安全使用
		辦公用品設備	對所使用的辦公用品和設備負有最終成本責任
	預算責任	對培訓活動的相關費用具有預算責任	
	培訓過程管理責任	保證培訓活動的順利進行、培訓設備的完好情況及培訓人員的工作品質	
	培訓效果責任	對培訓的最終效果負責	
權力範圍	權力項目	主要內容	
	建議權	對部門人員培訓內容和培訓計劃具有建議權	
	監督權	對部門內部培訓效果具有監督、檢查的權力	
	聯絡權	對公司外聘培訓機構和培訓組織的合作等具有聯絡權	

續表

工作範圍	工作依據	負責程度	建議考核標準
1.編制員工培訓計劃： 　依據公司發展戰略目標，組織各部門、各子公司(工廠)編制年度、季、月員工培訓計劃，彙編公司整體培訓計劃，並根據費用預算編制實施方案，選擇師資來源，上報主管審批後實施	公司人力資源管理目標和部門培訓需求計劃	全責	年度員工培訓計劃實現情況
2.培訓的組織與實施： 　根據主管審批的培訓實施方案，具體安排公司各項培訓工作，保證培訓工作順利完成	公司年度人力資源培訓計劃和相關管理制度	全責	年度員工培訓計劃實現率及受訓員工對培訓效果的滿意度
3.培訓效果評估： 　在每次培訓結束後的一個月內，對培訓效果做出評估報告；評估報告報部長及行政總監審閱後存檔；總結每次培訓經驗，以便改進、提高公司培訓工作的整體水準	公司培訓工作管理制度的相關要求	全責	部門及受訓員工對培訓效果的滿意度綜合評價情況
4.員工外部培訓管理： 　根據各部門、各子公司(工廠)的業務需求，組織員工進行外部培訓(專業培訓、出國進修等)；與外部培訓單位建立聯繫；為公司員工創造良好的學習機會和條件	公司培訓管理制度的相關要求	全責	部門和受訓員工對外部培訓效果的滿意度及培訓效果

二十七、培訓經理

項目	具體說明	權重
職責概述	負責公司人力資源培訓計劃的實施工作，挖掘員工潛能，提高員工綜合素質，達成公司人力資源培訓目標	
工作職責	職責一：培訓管理體系制度建設	10%
	工作任務 1.組織並搭建公司培訓管理體系 2.制定並完善公司培訓管理制度並監督實施	
	職責二：培訓計劃管理	40%
	工作任務 1.評估公司各部門培訓需求，制訂公司及各個部門的培訓計劃 2.根據企業員工培訓計劃及費用預算編制各項培訓工作實施方案，報領導審批後組織實施 3.挖掘企業內部培訓講師人才，為內部培訓師隊伍提供合適的候選人 4.組織開發企業內部培訓課程體系，降低培訓成本，提升企業內部培訓水準	
	職責三：培訓效果評估管理	20%
	工作任務 1.負責培訓項目的跟進工作，在各項培訓項目結束後進行培訓效果評估 2.對整個培訓工作進行總結，撰寫培訓工作報告，報上級審核	
	職責四：內外關係協調管理	20%
	工作任務 1.向各部門負責人提供員工培訓及發展方面的顧問諮詢服務 2.負責同其他外部培訓機構建立良好的工作關係	
	職責五：部門人員管理	10%
	工作任務 1.負責部門內各項工作的安排、調度 2.負責部門內部員工的甄選、考核及業務指導工作	

續表

KPI 指標	1. 財務類：培訓費用預算達成率、人均培訓成本 2. 客戶類：培訓效果滿意度、部門協作滿意度 3. 學習和發展類：培訓計劃完成率、培訓覆蓋率、培訓考核達成率
工作 協作 關係	
工作 權限	權限1：對生產中發現的品質問題具有核查、實施處罰的權力 權限2：對各種品質檢驗報表的審核權 權限3：對部門內部員工聘任、解聘的建議權 權限4：對下屬業務工作的指導權與考核權

二十八、人事部專員

單位：	職位名稱：人事專員		編制日期：
部門：人力資源部	任職人：		任職人簽字：
	直接主管：人力資源部部長		直接主管簽字：
	直接下屬：＿＿＿人		間接下屬：＿＿＿人
職位編號：	說明書編號：		批准日期：

職位概要：

主要負責公司人事管理制度、人才引進、人才儲備建設和勞工人事管理工作

任職條件	學歷/專業	大專及以上學歷，人力資源管理、行政管理、企業管理或相關專業	
	必備知識	專業知識	工商管理、人力資源管理
		外語要求	較好的英語聽、說、讀、寫能力
		電腦要求	熟練使用辦公軟體
	工作經驗	兩年以上本職務工作經驗	
	業務瞭解範圍	人力資源管理	人事管理的理論和實務
		行政管理	行政管理的相關理論和實務
		勞工關係管理	勞工關係、工作合約的管理
	能力素質要求	能力項目	能力標準
		溝通能力	簡明扼要的談話技巧
		分析決策能力	對人事管理工作中複雜事務的分析決策能力
		評價能力	對員工的客觀評價能力

任職條件	職位晉升	可直接晉升的職位	人事資源部部長	
		可相互輪換的職位	招聘專員、培訓專員、薪酬福利專員	
		可晉升至此的職位		
		可以降級的職位		
工作關係	內部關係	所受監督	受人力資源總監、人力資源部部長的領導和監督	
		所施監督	在人事管理過程中的監督和管理	
		合作關係	同公司相關部門對人事管理情況的溝通和協作	
	外部關係	同相關人事管理機構的關係		
責任範圍	彙報責任	直接上報＿＿＿人		間接上報＿＿＿人
	督導責任	直接督導＿＿＿人		間接督導＿＿＿人
	成本責任	電話/手機	每月費用控制在＿＿＿元之內	
		電腦安全	保證電腦的安全使用	
		辦公用品設備	對所使用的辦公用品和設備負有最終成本責任	
	保密責任	有對員工進行溝通和交流的責任		
	獎懲責任	有對人事檔案妥善管理的責任		
	預算責任	有對員工個人資料保密的責任		
	檔案管理責任	有對印章妥善保管、合理使用的責任		

續表

權力範圍	權力項目	主要內容		
	審核權	公司/本部門印章使用權、保管權		
	解釋權	員工個人檔案查核權		
	調檔權	人事檔案管理權		
	財務權	本部人員出勤查核權		

工作範圍	工作依據	負責程度	建議考核標準
1. 人事管理： 在部長的領導下負責公司的人事管理工作，負責起草有關人事管理工作的初步意見	公司現有的人事管理相關制度	部份	文件起草情況
2. 配備人員： 負責按用人標準配備齊全各類人員，保證企業正常運轉	公司現有崗位和人事變動安排	全責	人才引進工作的完成情況
3. 人才庫建設： 負責保存員工的人事檔案，做好各類人力資源狀況的統計、分析、預測、調整、查詢及人才儲備庫的建設工作	員工人事檔案和相關資料的管理規定	全責	人才儲備資源的建設和完善情況
4. 員工合約： 負責員工合約簽訂及職務任免、調配、解聘等管理工作	勞工合約的相關規定和公司人事管理制度	全責	手續辦理的完備程度
5. 勞工安全： 落實勞工安全保護政策，參與公司勞工安全、工傷事故調查、善後處理和補償工作	公司安全管理條例	全責	事故調查的準確性、善後處理和補償的合理性及員工滿意程度
6. 評選先進： 負責公司先進員工評選、榮譽稱號授予等具體工作	員工評比的規則和貢獻程度	全責	工作具體成效
7. 其他： 人力資源部部長交辦的其他工作		全責	部長滿意度

二十九、總經理

職位名稱：總經理	上報部門：董事會		直接上級：
代碼：A10001	管理水準：1 級		
核准日期：	核准人：		

主要職責	1. 計劃、領導、控制公司運作，確保公司主要目標的實現 2. 確定中長期經營目標、實施步驟和計劃，總體指導公司的所有活動 3. 負責同地方政府、商業協會、國際組織建立良好的關係 4. 確保組織的高效性，保持員工的工作積極性。負責員工開發獎勵及管理的連續性 5. 負責組織向政府提供各種報告、文件等			

	因素	細分因素	等級	限定內容
資格要求	知識	教育	7	具備硬體、軟體方面的知識，四年制工商管理和信息處理技術方面的證書
		經驗	7	5 年以上企業管理的實際經驗
		技能	7	必須在信息處理的方法。系統設備方面和財務管理方面有很高的技能，並有處理人際關係的良好能力
	解決問題能力	分析	8	具備分析評價技術理論方面和人事管理方面的能力
		指導	8	根據下屬業務能力，把複雜的任務轉化為可理解的指令和程序
	決策能力	人際關係	8	能經常運用正式或非正式的方法，指導、輔導、勸說和培養下屬，緊密結合下屬的工作和其他管理人員的活動
		管理方面	9	接受一般監督，在複雜的環境中指導下屬履行人力資源管理及市場拓展職能
		財務方面	6	享有 20 萬元以下的財產處理權和 5 萬元以下的現金處理權，並在限定範圍內參與計劃和控制
負有責任	實現企業的年度目標，增進員工與部門主管的溝通			

三十、總經理辦公室主任

單位：	職位名稱：總經理辦公室主任	編制日期：
部門：人力資源部	任職人：	任職人簽字：
	直接主管：總經理	直接主管簽字：
	直接下屬：＿＿＿人	間接下屬：＿＿＿人
職位編號：	說明書編號：	批准日期：

職位概要：

　　協助總經理工作，與各總監、各職能部門及政府有關部門進行溝通，把各部門的工作緊密結合起來，確保公司的正常工作秩序和年度經營目標的實現

任職條件	必備知識	學歷/專業	本科以上，企業管理、行政管理相關專業	
		專業知識	行政管理、公共關係管理、文案管理、公文管理等	
		外語要求	四級以上	
		電腦要求	電腦三級以上，熟練操作各種辦公軟體	
	工作經驗		三年以上大、中型企業辦公室或行政工作經驗	
	業務瞭解範圍		熟悉企業行政管理和公共關係管理知識，全面瞭解公司內部工作及業務流程	
	能力素質要求	能力項目	能力標準	
		組織能力	各種公司重要會議的召集、組織和安排的能力	
		溝通協調能力	溝通協調相關部門和人員完成總經理交辦事宜的能力	
		監控能力	監督、管理下屬完成部門內事務的能力	
		聯絡能力	對外接待能力	
	職位晉升	可直接晉升的職位	副總經理	
		可相互輪換的職位	總經理助理	
		可晉升至此的職位	總經理辦公室文員、部門經理助理	
		可以降級的職位	總經理辦公室文員、部門經理助理	

續表

工作關係	內部關係	所受監督	受總經理的管理和監督
		所施監督	對總經理辦公室成員工作的管理和監督
		合作關係	為完成總經理辦公室工作目標與相關部門的合作
	外部關係	與來訪客戶、政府部門代表、行業組織的接待和協調關係	
責任範圍	彙報責任	直接上報＿＿人	間接上報＿＿人
	督導責任	直接督導＿＿人	間接督導＿＿人
	培育責任	培育下屬	現場指導下屬的文案管理、會務安排等行政管理工作
		專業培育	定期舉辦行政管理、文秘管理等相關培訓、提高下屬的工作能力和水準
	成本責任	通訊費、接待費	根據公司相關管理規定
		電腦安全	維護辦公室電腦安全，保證文件的安全性
		辦公用品設備	對辦公用品的採購和使用負有成本責任
	獎懲責任	對下屬成員的工作情況、表現情況負有獎懲責任	
	預算責任	對部門費用使用情況負有預算責任	
	檔案管理責任	對本部門文件、公文檔案負有管理責任	
	參會責任	有參與總經理安排參加的相關會議的責任	
權力範圍	權力項目	主要內容	
	審核權	對總經理辦公室通過的決議具有審核權	
	解釋權	對本部門相關管理規定和文件管理要求具有解釋權	
	財務權	對總經理辦公室相關費用的使用有財務權	
	考核權	對部門成員業績的考核權	
	聯絡權	為完成總經理交辦的相應事宜，對內、對外的聯絡權	
	接待權	對來訪的客戶、相關社會團體具有接待的權力	

續表

工作範圍	工作依據	負責程度	建議考核標準
1. 對內協調： 全面協調總經理與各總監之間的工作事務，協助總經理與公司各職能部門、各子公司進行聯絡、溝通與協調；協助其他部門組織公司重大活動	部門間溝通和公司內部管理的有關規定	全責	公司內主管和員工的滿意程度
2. 對外關係協調： 協調公司與政府有關主管部門的關係，協調與行業有關管理機構的關係，協調公司與其他相關各企業的關係，經總經理授權代表公司出席各種外部會議	公司對外關係管理的相關規定	全責	外部單位的滿意程度
3. 對外接待： 妥善安排相關單位、人員的來訪接待工作	公司對外接待的相關管理規定	全責	外部單位、公司主管的滿意程度
4. 會議組織管理：組織安排總經理辦公會議及其他各種日常會議，安排會議記錄、紀要工作；對公司總部會議室和會議設備進行管理	公司關於會議管理的相關制度和上級的要求	全責	會議開展情況及會務管理結果評價
5. 文書檔案管理： 組織制訂公司的文件管理制度，根據管理制度制訂年度文件編碼；組織對公司各種文件進行登記、歸檔管理；安排公司內外各種來往文件的核稿、頒佈和下發工作	公司的具體管理要求和品質體系所要求的文件管理規定	全責	文件編碼、發放及時，文書檔案管理完整無損，公司主管和各部門主管滿意程度

三十一、總經理秘書

單位：	職位名稱：總經理秘書		編制日期：
部門：人力資源部	任職人：		任職人簽字：
	直接主管：總經理辦公室主任		直接主管簽字：
	直接下屬：＿＿＿人		間接下屬：＿＿＿人
職位編號：	說明書編號：		批准日期：

職位概要：

　　協助總經理辦公室主任做好總經理與各方面的溝通、協調工作；代表公司對來訪客人進行接待，努力減少總經理的繁雜事務，促進總經理各項工作的順利進行

	學歷/專業		大學本科以上
任職條件	必備知識	專業知識	文秘、公共關係、行政管理
		外語要求	六級以上
		電腦要求	電腦二級以上，熟練操作辦公軟體
	工作經驗		三年相關工作經驗
	業務瞭解範圍		掌握企業行政管理、公文寫作、文檔管理及公關禮儀知識，瞭解公司內部工作及業務流程
	能力素質要求	能力項目	能力標準
		文案寫作能力	總經理交辦的各種公文的寫作能力
		溝通協調能力	與相關部門負責人員及公司主管順暢的溝通和業務協調能力
		表達能力	良好的語言表達能力，準確傳達各項指令的能力
		執行能力	準確、高效地執行總經理交辦各項事宜的能力
	職位晉升	可直接晉升的職位	總經理助理
		可相互輪換的職位	行政事務主管
		可晉升至此的職位	部門經理助理、總經理辦公室文員
		可以降級的職位	部門經理助理、總經理辦公室文員、行政部文員

工作關係	內部關係	所受監督	完成總經理交辦的各項事宜，接受總經理及總經理辦公室主任的管理和監督
		所施監督	根據總經理要求，對相關部門具體事宜處理情況的監督
		合作關係	與公司內各職能部門之間的合作關係
責任範圍	彙報責任	直接上報____人	間接上報____人
	督導責任	直接督導____人	間接督導____人
	培育責任	培育下屬	
		專業培育	
	成本責任	電話/手機	每月費用控制在____元之內
		電腦安全	維護電腦安全，對由此而導致文件丟失給企業帶來的損失負責
		辦公用品設備	對所用辦公設備的使用負成本責任
	保密責任	對總經理辦公會議的重大決議及影響公司發展的重要決定負保密責任	
	財務責任	根據總經理授權確定其所應負的財務責任	
	參會責任	參加總經理辦公會和公司召開的有關會議，參加董事會、公司各類工作協調會和評比會，做好記錄，重要會議的記錄要上報相關人員	
權力範圍	權力項目	主要內容	
	審核權	對公司重大會議記錄的審核	
	財務權	有總經理授權的相應財務權力	
	聯絡權	總經理授意需辦理事宜的聯絡和溝通	

續表

工作範圍	工作依據	負責程度	建議考核標準
1. 內部關係協調： 協助總經理與公司內部進行聯絡、溝通與協調，做好上情下達工作；按照主管安排，協助其他部門組織公司重大活動	總經理決議和公司相關管理制度	部份	公司內主管和員工綜合評價
2. 對外關係協調： 配合公司有關部門，協調公司與政府有關主管部門的關係；協調與相關行業管理機構、協會、商會及其他單位的關係；按照主管安排，代表公司出席各種外部會議	公司對外關係相關管理規定	部份	相關外部單位的滿意程度
3. 會議管理： 按照主管安排，列席總經理辦公會議及其他各種日常會議等；按照主管安排起草會議文件；及時完成會議記錄、紀要工作	公司會議管理制度的相關規定	部份	公司主管滿意程度和會議管理結果
4. 文書檔案管理： 編寫文件管理制度，根據管理制度制訂年度文件編碼，對公司各種文件進行登記、歸檔管理；負責公司內外各種來往文件的核稿、頒佈和下發工作	品質管理體系中文件管理制度的相關規定和企業的具體要求	部份	文件編碼發放及時準確，文檔完整無損
5. 接待： 妥善、禮貌地接待國內外有關單位、人員的來訪	公司接待管理相關規定	部份	外部單位和客戶滿意程度

- 241 -

三十二、培訓處處長

職位名稱	人力資源部培訓處處長		直接上級		人力資源部副經理
定員	1 人	所轄人員	2 人	工資水準	
分析日期	2010 年 4 月	分析人	××	批准人	
工作概述	監督人力資源開發與管理機構運行現狀，關注現有薄弱環節，開展調研的工作，以「人力資源簡報」的形式做好公司各級主管的參謀。協調集團建立專業職位任職資格評審制度，完成各年度職稱評審。在公司範圍內完成本年度體檢工作，有效監控職工健康情況，行使醫療管理職權。完善有關管理制度，統一指導、協調和管理公司各單位培訓工作，完成全年各項工作計劃，以不斷改進的方式研究、規劃、設計公司內部培訓工作，為公司建立潛在人才庫，從而提高企業的競爭力				
工作職責	統一指導、協調和管理公司各單位培訓工作				
	致力於培訓體系的基礎建設，負責公司內外培訓隊伍的建設和電腦管理（培訓庫）以及管理諮詢的其他工作				
	對公司各部門開展培訓工作並進行指導、監督和檢查				
	制定公司年度培訓計劃及預算計劃				
	設計公司培訓課程				
	歸口管理「職工教育費」及「教師勞務費」				
	組織培訓項目，並對培訓結果進行評估、歸檔，提出人員使用建議				
	為 4～5 項重點項目進行調研				
	開展年度職稱評審工作				
	組織年度職工體檢工作				
	與有關培訓機構、評審機構、醫療機構進行廣泛的業務聯繫				
	支部工作				

續表

	要素	細分因素	限定資料
資格要求	知識	教育	最低學歷要求為大學本科，工作中能較頻繁地綜合使用其他學科的一般知識
		經驗	從事公司管理、教育工作或是其他組織工作滿 3 年；在接手工作前還應接受心理學、管理學、外語、電腦等相關業務內容的培訓（30 學時）
		技能	需要進行相關訓練後才可以勝任工作，大部份時間需要較寬的知識面，要掌握較多的培訓技巧。工作中的問題一般屬於常規性的，但有時也需要靈活處理工作中出現的突發問題；需要有創新意識和獨到的判斷能力及對市場變化的敏感；工作要求能綜合使用多種知識和技能，具有較好的人際關係和人力資源管理能力
	責任	分析	具有分析評估培訓技術理論與開發的潛力
		協調	在正常工作中，幾乎與本公司所有職員都有工作聯繫，或與部份部門主管有工作協調的必要；需要與外界幾個固定的部門的一般人員發生較頻繁的業務聯繫，所開展的業務屬於常規性的
		指導	指導、監督工作人員開展日常工作
		組織人事	在正常工作中，對人員選拔、考核、工作分配、晉升等提供依據和參考意見
	決策能力	人際關係	緊密配合上級工作和其他管理人員活動，接受直接上級的領導
		管理	工作中向直接上級負責，在各種指導下履行各項工作職能
		財務	具備財務管理知識。具有較強的節約經費的意識，決定部門預算管理費用及全公司培訓經費

續表

工作條件	工作環境	時間特徵	上班時間根據培訓計劃的安排而定，但有一定規律，自己可以控制和安排
		舒適性	工作時偶爾會感到不舒適，約佔全部時間的 5%～10%
		職業病與危險性	無職業病的可能，對身體不可能造成任何傷害，外地出差時乘坐飛機或火車，本地外出時可以由公司派車或是乘計程車
		均衡性	所從事的工作可能忙閑不均
	工具設備	辦公用品與設備	電腦、印表機、碎紙機、別針、釘書機，小黑板、電視機、VCD、攝像機、照相機、投影機、工具書
工作責任			成功地完成所分配的任務，增強受訓者的理解，使受訓者滿意；為公司建立完善的人才供給庫，提高工作效率，保證公司經營管理的正常運作，為公司的長遠發展打下堅實的基礎

三十三、技術開發部經理

工作名稱：技術開發部經理　　　　　直接上級；分管副總經理
下屬工作：技術科科長、研究所所長
工作概述：
主持日常管理工作，並就技術問題向各方通報
工作職責：
1. 在分管副總經理領導下，負責主持本部的全面工作，組織並監督全部人員全面完成本部職責範圍內的各項工作任務
2. 貫徹落實本部崗位責任制和工作標準，密切與生產、品質、行銷、調研等部門的工作關係，加強與有關部門的協作配合工作
3. 負責組織制定公司技術管理制度和技術標準
4. 負責制定或修改技術規程，編制技術操作方法，正確使用、維修機器設備及工器具和保證技術安全等有關的技術規定

5. 負責公司新技術引進和產品開發工作的計劃、實施，確保產品品種增加

6. 負責組織抓好新產品的開發和研究工作，及時組織新產品的試製工作

7. 負責組織編制公司產品的淨材積定額標準，結合生產實際，及時組織年度審核，補充、修訂產品定額內容

8. 負責及時指導、處理、協調和解決生產過程中出現的技術問題，保證生產經營工作的正常進行，確保公司生產計劃的按時完成

9. 負責及時組織編制公司技術開發計劃，按時上報公司主管及計劃部門

10. 負責及時組織和編制公司技術發展規劃、長遠技術開發和技術措施規劃，並組織規劃的制定、修改、補充、實施等一系列技術組織和技術管理工作

11. 負責做好本部的技術圖紙、技術資料的歸檔管理工作，負責制定嚴格的技術資料交保管制度，合理、充分地利用技術資料

12. 抓好公司技術管理隊伍建設工作，抓好人員的技術培訓和提高工作

13. 負責組織技術成果及技術效益的專業評價工作

14. 有權向主管提議下屬科長(副科長)人選，並對其工作進行考核評價

15. 完成公司交辦的其他工作

工作要求：

1. 具有本科以上文化程度、較全面的專業技術水準和技術管理知識

2. 熱愛本公司，有較強的技術業務能力和相當的工作協調能力

3. 虛心好學、積極進取，有較強的工作責任心和事業心

4. 技術上不自滿、不保守，易於接受新技術，勇於技術革新和創新

5. 敢於堅持科學原則，具有科學求實、開拓創新的精神和品格

工作環境：

正常工作條件，有時要加班

工作設備：

電腦、計算器、印表機、電話、傳真機等

三十四、財務部經理

單位		職位名稱	財務部經理	編制日期	
部門	財務部	任職人		任職人簽字	
		直接主管	財務總監	直接主管簽字	
		直接下屬：＿＿＿人		間接下屬：＿＿＿人	
職位編號		說明書編號		批准日期	
職位概要	負責財務部日常賬務的處理，制定財務計劃，擬訂資金籌措和運轉方案，進行成本管理，負責財務稽核、檢查，對本部門人員進行會計培訓、考核，協同公司的生產、行銷、經營部門做好分析工作				
任職條件	學歷/專業		大學本科及以上學歷；財務會計專業或金融專業		
	必備知識	專業知識	財務管理、行政管理、金融、法律知識，熟練使用各種財務辦公軟體，具有基本的網路知識		
		外語要求	英語四級以上		
		電腦要求	熟練使用辦公軟體		
	工作經驗		五年以上財務管理經驗，具有高級會計師資格，有國內大中型企業或外資企業財務部經理經歷者優先		
	業務瞭解範圍		熟悉金融政策、財務與稅務方面的法律法規，熟悉銀行、稅務等方面的工作流程，全面掌握財務管理知識，瞭解企業內部業務工作流程		

續表

		能力項目	能力標準
任職條件	能力素質要求	分析能力	財務分析、三大報表分析、經營分析
		資金運用能力	對資金的管理和合理運用，規避財務風險
		研究能力	對稅務和合理避稅的研究能力
		控制能力	對整體財務狀況的掌控能力
	職位晉升	可直接晉升的職位	財務總監
		可相互輪換的職位	財務總監
		可晉升至此的職位	
		可降級至此的職位	財務分析師/審計人員
工作關係	內部關係	所受監督	受公司董事長、總經理、財務總監的監督
		所施監督	對會計人員、審計人員、稅務人員有監督的權力
		平行關係	生產部副經理、行銷部副經理
	外部關係		同銀行、稅務、保險、工商等機構發生業務關係

續表

責任範圍	彙報責任	直接上報＿＿人	間接上報＿＿人
	督導責任	直接督導＿＿人	間接督導＿＿人
	培育責任	培育下屬	對其進行財務管理、會計賬目編制、審計報表編制、稅務管理等財務工作的實務指導
		專業培育	會計制度、稅收制度、審計制度的培訓
	成本責任	電話/電腦/手機	每月費用在＿＿元至＿＿元
		交通費用	打車費及交通補助費用每月為＿＿元
		迎接檢查費用	稅務局、工商局檢查時的招待費用為＿＿元
		辦公用品及設備	對財務部所購辦公用品和使用的保險箱等設備負最終責任
責任範圍	保密責任	對經營計劃、經營業績、財務狀況的保密責任	
	財務賬目責任	對違規或違反國家會計制度的賬目負全部責任	
	報銷責任	要對對違反報銷規定的單據予以報銷這種行為負主要責任	
	審計責任	要對對會計的賬目沒有認真審計這種行為負主要責任	
	現金管理責任	對違反公司現金管理規定的行為負全部責任	
	票據責任	對公司對外開據的支票、單證負主要責任	
	財務管理責任	對由於公司財務管理中存在漏洞而給公司造成的損失負主要責任	
權力範圍	權力項目	主要內容	
	審批權	對報銷款、公司對外支付款項有審批權	
	核查權	對會計人員的賬目有審核的權力	
	建議權	對公司的生產經營及財務狀況有建議的權力	
	用人權	對公司的會計、審計、稅務人員有聘用、解聘的權力	
	考核權	對本部門人員的工作業績有考核的權力	

續表

工作範圍	工作依據	負責程度	建議考核標準
1.完成本部門指定工作 　在財務總監的領導下，負責主持本部門的全面工作，組織並督促部門人員全面完成本部門職責範圍內的各項工作任務	根據本部門的工作任務	全責	任務的分派情況 任務的完成情況
2.工作協調 　貫徹落實本部門崗位責任制和工作標準，密切與生產、行銷、計劃等部門的工作聯繫，加強與有關部門的協作工作	根據財務部門及與財務部門有接觸的部門的相關工作職責	全責	部門工作的協作程度
3.落實法律法規 　負責組織《會計法》及地方政府有關財務工作法律法規的貫徹落實	相關法律法規	全責	
4.修訂相關財務管理制度 　負責組織公司財務管理制度、會計成本核算規程、成本管理會計監督及其有關的財務專項管理制度的擬訂、修改、補充和實施	根據現有的財務管理制度	全責	對財務管理的建設性 監督、控制的有效性
5.編制公司財務計劃 　編制公司財務計劃、審查財務計劃。擬訂資金籌措和使用方案，全面平衡資金，開闢財源，加速資金週轉，提高資金使用效果	公司資金的現有運轉情況	全責	財務計劃執行 資金使用效率 財務成本節約程度
6.編制財務決算 　按上級規定和要求領導本部門編制財務決算	按照公司高層的規定和要求	全責	決算工作的完成情況
7.成本管理 　負責公司的成本管理工作。進行成本預測、控制、核算、分析和考核，降低消耗、節約費用，提高盈利水準，確保完成公司利潤指標	根據公司的成本管理現狀	全責	成本管理工作的改進情況 費用的節約程度

續表

職責	依據	權限	考核標準
8.財務稽核和審計 負責建立和完善公司財務稽核、審計內部控制制度,監督其執行情況	根據現有財務稽核、審計制度	全責	新制度的實效 新制度的執行情況
9.審查經營計劃及各項合約 審查公司經營計劃及各項合約,並認真監督其執行;參與公司技術、經營以及產品開發、基本建設、技術改造和其他項目的效益的評議	現有合約文本	全責	合約執行情況 對項目效益評價的建設性
10.審查財務收支的各種方案 參與審查商品價格、人員工資、獎金及福利等涉及財務收支的各種方案	現有商品售價單及工作人員工資福利單	部份	方案最優化
11.考核 組織考核、分析公司經營成果,提出可行建議和措施	公司經營業績	部份	建議和措施的建設性
12.培訓 財會人員業務的培訓。規劃會計機構、會計專業職務的設置和會計人員的配備,組織會計人員培訓和考核,堅持會計人員依法行使職權	根據會計制度的變化情況	部份	培訓對業務的指導性 會計人員整體素質的提高
13.工作彙報 負責向公司總經理、主管副總彙報財務狀況和經營成果。定期或不定期彙報各項財務收支和盈虧情況,以便主管進行及時決策	根據財務工作所反映出的經營狀況	全責	及時性 對經營成果的建議
14.下屬任用 有權向主管提議下屬人選,並對其工作進行考核、評價	根據下屬的實際工作能力	全責	公正性提議人員的工作業績
15.其他 完成公司主管交辦的其他工作任務	具體交待的任務	部份	領導滿意程度

三十五、財務部長

崗位名稱	財務部長	崗位編號		所在部門	財務部
崗位定員		直接上級	總經理	職系	
直接下級		所轄人員		崗位分析日期	
本職	負責公司財務管理、會計核算等工作				

職責與工作任務	職責1	職責表述：負責執行各項核算制度和會計政策	
		工作任務	負責執行公司資產管理制度
			負責執行成本核算及管理、費用開支及審批制度
			負責執行資金籌集、使用、審批權限及管理辦法
			負責執行對財務工作的管理辦法
			負責編制和制定本公司財務工作流程
	職責2	職責表述：負責組織編制本公司財務預算、財務計劃	
		工作任務	組織編制年度財務預算
			組織編制資金收支計劃、費用開支計劃、稅金計劃、利潤計劃
			制定財務工作計劃，提出完成財務計劃的措施
	職責3	職責表述：負責本公司會計核算	
		工作任務	成本核算
			固定資產核算
			材料核算
			工資核算
	職責4	職責表述：負責資產管理	
		工作任務	負責組織本公司有關部門確定儲備資金定額，審核彙編流動資金計劃，合理使用流動資金，保證計劃內資金供應

續表

職責與工作任務	職責 4	工作任務	組織有關部門執行集團有關固定資產管理的規定,並監督和審核各項資產的收發、更新、調撥、報廢和結算工作
	職責 5	工作任務	職責表述:負責對財務部門工作和財務人員的監督指導
			負責對財務計劃完成情況進行檢查與評價
			負責對財務核算流程進行監督與檢查
			定期對財務人員的工作情況進行考核
	職責 6	工作任務	職責表述:負責總賬與報表
			組織做好本公司的總賬工作
			組織做好本公司的財務報表的編制工作
	職責 7	工作任務	職責表述:負責組織財務分析工作
			組織做好本公司的財務分析的編制工作
			指導下屬人員做好編制財務分析的基礎工作,數字真實、準確,分析全面、透徹
			運用科學的方法和手段對公司的財務狀況、經營成果和現金流量進行全面分析
			為集團高層管理者提供決策信息
	職責 8	工作任務	職責表述:本部門員工隊伍建設
			組織本部人員對財政部頒發的新準則、新制度和集團公司的財務制度進行學習
			定期對本部財務人員進行考核
	職責 9		完成交辦的其他工作任務
權力			對財務核算問題的監督和審核權
			對公司經營目標的建議權
			對財務本部工作人員任免的建議權
			根據工作需要在內部調配財務本部工作人員,並報上級財務部門備案

續表

權力		對日常財務管理、財務核算工作的組織權
		對下級之間工作爭議的裁決權
		對財務工作的檢查、督導、評價、考核權
工作協作關係	內部協調關係	公司各部門、本部工作人員
	外部協調關係	集團公司、政府財政部門、工商、稅務、銀行等
任職資格	教育水準	大專及以上學歷、會計師及以上職稱
	專業	財務管理等相關專業
	培訓經歷	接受過企業管理、財會、經濟法、稅法等知識的培訓
	經驗	5 年以上財務管理工作經驗
	知識	通曉財務管理、會計、稅法、經濟法知識.具備企業管理知識，瞭解金融知識
	技能技巧	掌握財務軟體以及 Word、Excel 等辦公軟體的使用方法，具備基本的網路知識及一定的英語應用能力
	能力	計劃、控制、組織、協調、溝通能力
其他	使用工具/設備	電腦、財務軟體、印表機、電話、傳真機、交通及通訊設備、Internet
	工作環境	一般辦公環境
	工作時間特徵	正常工作時間，偶爾需要加班
	所需記錄文檔	財務制度、年度財務預算、年度工作計劃、階段性工作報告、財務分析

三十六、成本核算員

崗位名稱	成本核算	崗位編號		所在部門	財務部
崗位定員		直接上級	財務部長	職系	
直接下級		所轄人員		崗位分析日期	
本職	負責本單位成本核算及日常工作				

職責與工作任務	職責 1	職責表述：負責本單位的轉賬業務處理工作	
		工作	記錄每日發生的各項轉賬業務
		任務	負責處理各項轉賬業務，及時編制憑證
	職責 2	職責表述：負責工資、福利費、工會經費、教育附加費的歸集和分配。	
		工作任務	按照工資對象和成本核算的要求，編制工資分配表，填制記賬憑證
			按工資總額的一定比例計提「三費」
	職責 3	職責表述：負責電費的分配	
		工作任務	按有關部門提供的耗電量進行分配
	職責 4	職責表述：負責預提費用和待攤費用的分配	
		工作	按規定預提計入本期成本費用的各項支出
		任務	按費用項目受益期限確定分攤數額，分攤期 1 年以內
	職責 5	職責表述：負責折舊費的歸集和分配	
		工作	採用平均年限法按固定資產類別計提折舊
		任務	按生產工時對固定資產折舊進行分配
	職責 6	職責表述：負責制造費用的歸集和分配	
		工作任務	正確歸集和分配製造費用

續表

職責與工作任務	職責 7	職責表述：負責核算產品成本	
		工作任務	按分步法計算產品的生產成本
	職責 8	職責表述：負責編制成本報表、稅金表、利潤表等	
		工作	按照集團規定編制各種報表
		任務	及時、準確地報送有關部門
	職責 9	職責表述：完成主管交辦的其他任務	
權力	對各項業務的知曉權		
	有對成本核算資料的索取權		
	對往來業務的知曉權		
工作協作關係	內部協調關係	本公司	
	外部協調關係	集團公司	
任職資格	教育水準	中專及以上學歷、助理會計師及以上職稱	
	專業	財務會計等相關專業	
	培訓經歷	接受過財會、經濟法、稅法等知識的培訓	
	經驗	3 年以上財務工作經驗	
	知識	通曉會計、稅法、經濟法知識	
	技能技巧	掌握財務軟體以及 Word、Excel 等辦公軟體的使用方法	
	能力	邏輯思維能力、獨立分析判斷能力	
其他	使用工具/設備	電腦、財務軟體、印表機、電話、傳真機、交通及通訊設備、Internet	
	工作環境	一般的辦公環境	
	工作時間特徵	正常工作時間，偶爾需要加班	
	所需記錄文檔	集團財務部文件、會計制度、會計賬簿報表	

三十七、出納員

崗位名稱	出納	崗位編號		所在部門	財務部
崗位定員		直接上級	財務部長	職系	
直接下級		所轄人員		崗位分析日期	

本職	負責本公司款項的收付		
職責與工作任務	職責 1	職責表述：負責現金收付、現金憑證編制及報銷	
		工作任務	審核原始憑證
			負責現金款項的收付
			編制現金記賬憑證
			編制現金日報表
	職責 2	職責表述：負責票據的拆分及貼現	
		工作任務	收付銀行匯票
			根據付款需要拆分票據
			根據資金需求貼現票據
			編制相關會計憑證
			編制相關日報表
	職責 3	職責表述：負責銀行款項收付、銀行憑證編制	
		工作任務	審核原始憑證
			負責支票的收付
			編制銀行收付記賬憑證
			編制銀行日報表
	職責 4	職責表述：負責同銀行對賬，保證銀行存款的安全及完整	
		工作任務	定期獲取銀行對賬單
			定期編制銀行餘額調節表
	職責 5	職責表述：保證現金的安全性及完整性	

續表

職責 5	工作任務	每天核對現金的實存數和賬面餘額	
		定期盤點現金	
		編制現金盤點表	
		完成主管交辦的其他工作	
權力		對原始憑證的審核權	
		對現金的保管權	
		對空白支票的保管權	
工作協作關係	內部協調關係	公司各部門	
	外部協調關係	集團公司、銀行、工商、稅務	
任職資格	教育水準	中專及以上學歷、會計員及以上職稱	
	專業	財會等相關專業	
	培訓經歷	接受過財會等知識和技能的培訓	
	經驗	3 年以上財會工作經驗	
	知識	掌握會計相關法律法規知識，瞭解金融知識	
	技能技巧	掌握財務軟體以及 Word、Excel 等辦公軟體的使用方法，具備基本的網路知識	
	能力	協調能力、溝通能力	
其他	使用工具/設備	電腦、財務軟體、印表機、傳真機、Internet	
	工作環境	一般辦公環境	
	工作時間特徵	正常工作時間，偶爾需要加班	
	所需記錄文檔	現金日報表、銀行對帳單、銀行餘額調節表、現金盤點表	

三十八、材料核算員

崗位名稱	材料核算	崗位編號		所在部門	財務部
崗位定員		直接上級	財務部長	職系	
直接下級		所轄人員		崗位分析日期	

本職	負責主輔料的核算		
職責與工作任務	職責1	職責表述：負責主輔料驗收	
		工作任務	編制原材料購入日報表
			根據日報對各種主輔料匯總、整理數據
			與提供數據的部門核對
			無誤後開具原材料入庫單
			請示收料單位審批
	職責2	職責表述：核算進料發生的一些費用	
		工作任務	將購進主輔料過程中發生的手續費、短運費核實後開具票據
			根據相關票據入賬
	職責3	職責表述：核算材料的出庫情況	
		工作任務	主料根據各部門提供的數據核算材料的消耗情況
			輔料根據支領單位出具的證明匯總出庫情況
			經過匯總後開具出庫單據
			請示用料單位審批
	職責4	職責表述：提供會計信息	
		工作任務	根據入庫與出庫等單據記賬
			進行核對、匯總
			根據賬務數據編制耗用材料匯總表
	職責5	職責表述：完成上級交辦的其他工作	

權力	有對所需數據的索取權	
	為主管提供相關數據	
工作協作關係	內部協調關係	財務部
	外部協調關係	集團公司、本公司、生產部、銷售部
任職資格	教育水準	中專及以上學歷、助理及以上職稱
	專業	財務相關的專業
	培訓經歷	會計相關知識
	經驗	3 年以上財務工作經驗
	知識	熟悉會計知識、審計知識、會計法規
	技能技巧	掌握財務軟體以及 word、Excel 等辦公軟體的使用方法
	能力	判斷、分析、溝通能力
其他	使用工具/設備	電腦、財務軟體、印表機、電話、傳真機
	工作環境	一般工作環境
	工作時間特徵	正常工作時間，偶爾需要加班
	所需記錄文檔	財務賬、報表

三十九、生產技術部長

崗位名稱	生產技術部部長	崗位編號		所在部門	生產技術部
崗位定員		直接上級	總經理	職系	
直接下級		所轄人員		崗位分析日期	
本職	負責生產、技術管理、品質管理工作				

職責與工作任務	職責 1	職責表述：負責生產制度、技術制度、操作規程的制定	
		工作任務	負責制定生產管理制度
			根據生產流程制定合理的技術制度
			制定生產操作規程
	職責 2	職責表述：監督指導生產、技術流程的各環節	
		工作	指導各工廠技術的工作
		任務	監督產品生產技術流程的正確性
	職責 3	職責表述：具體負責對產品技術進行改進	
		工作	總結生產過程出現的問題
		任務	提出改進意見
	職責 4	職責表述：解決技術中遇到的技術難題	
		工作	解決技術難題
		任務	提出技術改進計劃
	職責 5	職責表述：負責新產品研製開發工作	
		工作任務	根據集團下達的技術開發項目，研製新產品
			編制新產品可行性報告
			效益分析
	職責 6	職責表述：建立、健全產品品質管理體系	
		工作	制定產品品質管理制度
		任務	監督檢查產品品質

職責與工作任務	職責 7	職責表述：負責對產品的檢驗工作	
		工作任務	根據品質體系認證標準組織本部員工驗收原材料
			根據品質體系認證標準組織本部員工驗收成品
	職責 8	職責表述：負責組織本部員工產品品質統計及分析	
		工作任務	組織本部員工統計每天正品數量、次品數量及廢品數
			組織本部員工分析廢品出現原因
	職責 9	職責表述：負責安全生產管理、處理品質事故	
		工作任務	負責監督檢查安全生產工作
			處理突發產品品質事故
			彙報產品品質事故
			收集不符合標準的帶鋼及焊管的回饋信息
	職責 10	職責表述：完成上級交辦的其他任務	
權力	對技術方案的改進權		
	新產品的開發權		
	對產品品質的檢查權		
	選擇提高產品品質的決定權		
	對所屬下級的業務水準和工作能力的評價權		
	對所屬下級的工作有監督、檢查權		
工作協作關係	內部協調關係	技術部	
	外部協調關係	總經理、生產部、辦公室	
任職資格	教育水準	大專及以上學歷	
	專業	冶金相關專業	
	培訓經歷	技術流程培訓	
	經驗	8 年以工作經驗，5 年以上相關工作經驗	
	知識	具備技術管理、品質管理知識，並有一定的寫作能力	

續表

任職資格	技能技巧	熟練使用電腦，熟悉技術流程，掌握產品標準
	能力	組織、協調、管理、控制等
其他	使用工具/設備	一般辦公設備（電話、文件櫃）
	工作環境	一般辦公環境
	工作時間特徵	正常工作時間，偶爾需要加班
	所需記錄文檔	圖紙、檔案

心得欄 _____

_____

_____

_____

_____

_____

四十、技術管理員

崗位名稱	技術管理	崗位編號		所在部門	生產技術部
崗位定員		直接上級	生產技術部長	職系	
直接下級		所轄人員		崗位分析日期	
本職	協助部長做好技術管理工作				

職責與工作任務	職責 1	職責表述：協助部長負責技術制度、操作規程的制定		
		工作	根據生產流程起草合理的技術制度	
		任務	起草生產操作規程	
	職責 2	職責表述：監督指導技術流程的各環節		
		工作	指導各工廠技術的工作	
		任務	監督產品生產技術流程的正確性	
	職責 3	職責表述：具體負責對產品技術進行改進		
		工作	總結生產過程出現的問題	
		任務	提出改進意見	
	職責 4	職責表述：解決技術中遇到的技術難題		
		工作	解決技術難題	
		任務	提出技術改進計劃	
	職責 5	職責表述：協助部長負責新產品研製開發工作		
		工作	根據集團下達的技術開發項目.研製新產品	
		任務	編制新產品可行性報告	
			效益分析	
	職責 6	職責表述：主管交辦的其他任務		

續表

權力	對技術方案的改進權	
	新產品的開發權	
工作 協作 關係	內部協調 關係	技術部
	外部協調 關係	生產部、辦公室
任職 資格	教育水準	大專以上學歷
	專業	冶金相關專業
	培訓經歷	技術流程培訓
	經驗	5 年以工作經驗，3 年以上相關經驗
	知識	具備技術管理、品質管理知識.並具有一定的寫作能力
	技能技巧	熟練使用電腦，熟悉技術流程，掌握產品標準
	能力	協調、分析、管理、控制等
其他	使用工具/ 設備	一般辦公設備（電話、文件櫃）
	工作環境	一般辦公環境
	工作時間 特徵	正常工作時間.偶爾需要加班
	所需記錄 文檔	圖紙、檔案等

四十一、工廠主任

崗位名稱	工廠主任	崗位編號		所在部門	生產技術部
崗位定員		直接上級	生產技術部長	職系	
直接下級	各生產班長	所轄人員		崗位分析日期	
本職	貫徹執行公司的各項規章制度，合理安排和調度工廠的生產計劃程進行監督、檢查、控制				
職責與工作任務	職責1	職責表述：貫徹執行公司的規章制度			
		工作任務	負責工廠，貫徹執行公司的各種規章制度		
			協助策劃生產、品質、成本、安全、現場等管理體系並貫徹執行		
			建立工廠管理制度		
	職責2	職責表述：負責編制生產計劃			
		工作任務	根據生產部的安排，負責編制生產計劃，報生產部經理審批		
			對生產計劃組織實施		
			對生產計劃的完成情況負全面責任		
	職責3	職責表述：負責建立良好溝通			
		工作任務	負責與生產部建立良好溝通，定期向生產部經理彙報生產計劃進展情況、品質情況、機構人員配置情況		
			負責建立各生產班及生產班與機修班的良好溝通渠道		
			負責建立工廠與各部門間的良好溝通渠道		
	職責4	職責表述：負責建立和實施工廠生產管理制度			
		工作任務	負責制定生產管理體系中的工廠生產管理制度，並報上級審批		

- 265 -

續表

職責與工作任務	職責 4	工作任務	組織實施工廠的生產管理制度並監督控制
			對工廠的生產情況負全面責任
	職責 5		職責表述：負責建立和實施工廠安全管理制度
		工作任務	負責擬定安全管理體系中的工廠安全管理制度，並報上級審批
			實施工廠的安全管理制度並監督控制
			對工廠的安全情況負全面責任
	職責 6		職責表述：負責建立和實施工廠品質管理制度
		工作任務	負責起草品質管理體系中的工廠品質管理制度，並報上級審批
			負責工廠員工的技術、品質培訓工作
			協助品質部對工廠技術的創新與變革
			對工廠的生產品質負有全面責任
	職責 7		職責表述：負責建立和實施工廠成本控制管理制度
		工作任務	負責擬定成本控制管理體系中的工廠成本控制管理制度，並報上級審批
			組織實施工廠的成本控制管理制度並及時回饋生產部
	職責 8		職責表述：負責建立和實施工廠現場管理制度
		工作任務	負責擬定現場管理體系中的工廠現場管理制度，並報上級審批
			組織實施工廠的現場管理制度並監督控制
	職責 9		職責表述：其他日常工作
		工作任務	主持召開工廠的各種會議，對工廠的突發事件進行處理
			完成主管交辦的其他工作

續表

權力		對工廠的重大問題有處理權
		對生產計劃有建議權
		對直接下屬的人事任免有建議權
		對下屬員工有獎懲權
		對工廠各生產班的工作有監控權
工作協作關係	內部協調關係	工廠各部門
	外部協調關係	公司其他各部門
任職資格	教育水準	大專及以上學歷
	專業	冶金及相關機械專業
	培訓經歷	企業管理、人事培訓
	經驗	8 年以上工作經驗，5 年以上生產管理經驗
	知識	通曉技術管理，具備企業管理、品質管理等方面的知識
	技能技巧	會看機械圖紙
	能力	組織、控制、協調、溝通、分析、判斷能力
其他	使用工具/設備	機床
	工作環境	一般辦公環境
	工作時間特徵	無固定的節假日，經常需要加班
	所需記錄文檔	公司的會議紀要、技術文件、生產計劃
備註		

四十二、採購員職位說明書

單位：	職位名稱：採購員	編制日期：
部門：採購部	任職人：	任職人簽字：
	直接主管：採購部經理	直接主管簽字：

任職條件	學歷 中專以上學歷
	經驗 2年以上採購工作經驗
	專業知識 具備物料管理相關專業知識
	業務瞭解範圍 熟悉企業採購管理的相關理論知識，掌握生產製造企業物料需求方面的資訊，瞭解企業生產作業流程

職位目的

按照採購部經理的要求，負責對所需採購的物料做價格、品質方面的調查與比較；負責辦理物料採購過程的具體事宜

續表

職責範圍	負責程度	建議考核內容
按重要順序依次列出每項職責及其目標	全責/部份/支援	考核標準
1. 物料市場調查 根據採購部經理的要求,對所購物料進行市場調查與分析,爭取最佳的採購性價比	全責	資訊準確率和有效率達98%以上
2. 物料採購 根據企業的採購計劃,與供應商進行具體的採購洽談,確定採購價格、品質等資訊,報送採購部經理	全責	採購計劃完成率達100%
3. 物料驗收 與物料需求部門、倉儲部及供應商共同驗貨,辦理相關的手續並負責貨款的支付	全責	貨物數量、品質驗收準確率達99%以上
4. 供應管道管理 負責建立物料採購的供應體系,多方面開拓供應管道並進行妥善管理	全責	主管對供應管道管理的滿意度評價在4分以上
5. 供應商管理 保持與供應商良好的合作關係,與供應商就價格、交貨期、交貨數量等問題進行溝通	全責	物料供應的穩定性與及時性達98%以上
6. 採購合約管理 負責採購合約的日常管理,並進行分類與歸檔	全責	採購合約完整率達100%

四十三、來料檢驗員

工作概述	負責對來料進行檢驗，確保其符合規範要求，以保證成品的品質		
	工作職責	負責程度	考核標準
工作職責及考核	1. 協同技術部門制定相關物料來料檢驗規範	部份	檢驗規範明確、合理
	2. 負責所有來料的核對總和駐廠外檢工作	全責	錯檢率低於___% 漏檢率低於___% 原材料進廠合格率達___%
	3. 妥善處理來料檢驗中存在的異常問題	全責	問題解決率達___%
	4. 根據檢驗結果出具相應的品質檢驗報告	全責	檢驗報告提交及時 報告內容真實準確
	5. 負責妥善處理 IQC 質檢結果和數據，向採購部門提供有效回饋	全責	信息回饋及時
	6. 協助供應商執行糾正措施，確保供貨品質的持續提高	部份	進廠原材料合格率達___%
職業發展	可晉升職位		可輪換職位
	品質管理經理		制程檢驗主管 成品檢驗主管
工作環境	1. 工作場所：室內及產品生產區域 2. 工作時間：正常工作時間 3. 環境條件：基本舒適 4. 使用設備：品質檢測工具和儀器及一般辦公設備		

崗位關係

上級關係

品質管理經理

彙報工作 ↑ 接受監督

同級關係

技術主管、採購主管等 ←協作→ 來料檢驗主管 ←配合→ 生產主管

監督

向下關係

檢驗員　　檢驗員　　檢驗員

四十四、生產制程檢驗員

工作概述	負責工廠生產流程的品質管理工作，確保產品品質符合要求		
工作職責及考核	工作職責	負責程度	考核標準
	1. 對制程的相關規範提出改善建議，完善制程檢驗規範	部份	檢驗規範明確、合理
	2. 負責制程的品質管控，做好檢驗標識及記錄工作	全責	產品直通率達___% 錯檢率低於___%
	3. 負責制程異常的追蹤、確認，並提出有效的改進或預防措施	全責	
	4. 協助處理不合格中間品的相關工作	部份	不合格品控制程序執行率達100%
	5. 根據檢驗結果出具相應的品質檢驗報告	全責	檢驗報告提交及時 報告內容真實準確
職業發展	可晉升職位		可輪換職位
	品質管理經理		來料檢驗主管 成品檢驗主管
工作環境	1. 工作場所：室內及產品生產區域 2. 工作時間：正常工作時間 3. 環境條件：基本舒適 4. 使用設備：品質檢測工具和儀器及一般辦公設備		
崗位關係			

上級關係　品質管理經理

同級關係　技術主管　←協作→　制程檢驗主管　←配合→　生產主管

彙報工作　接受監督　監督

向下關係　檢驗員　檢驗員　檢驗員

四十五、成品檢驗員

工作概述	全面負責公司成品的品質核對總和品質監控工作，確保產成品品質符合要求		
	工作職責	負責程度	考核標準
工作職責及考核	1. 協助品質管理經理制定品質準則和成品檢驗標準，經批准後安排實施	支持	檢驗標準明確、合理
	2. 組織完成產品檢驗工作	全責	及時完成 錯檢率低於＿＿% 產品出廠合格率達＿＿%
	3. 根據成品檢驗結果出具檢驗報告	全責	及時
	4. 對檢驗數據進行統計分析	全責	品質問題處理及時
	5. 針對生產品質異常提出意見和建議	全責	
	6. 協助處理不合格品的相關工作	部份	按不合格品控制程序執行
職業發展	可晉升職位		可輪換職位
	品質管理經理		來料檢驗主管 制程檢驗主管
工作環境	1. 工作場所：室內及產品生產區域 2. 工作時間：正常工作時間 3. 環境條件：基本舒適 4. 使用設備：品質檢測工具和儀器及一般辦公設備		

岡位關係

上級關係　　　　　　　　　　品質管理經理

　　　　　　　　　　　彙報工作　接受監督

同級關係　來料及制程　協作　　　　　　配合
　　　　　檢驗主管、　　　成品檢驗主管　　　生產主管
　　　　　技術主管

　　　　　　　　　　　　監　督

向下關係　　　　　檢驗員　　檢驗員　　檢驗員

四十六、生產管理員

崗位名稱	生產管理	崗位編號		所在部門	生產技術部
崗位定員		直接上級	生產技術部長	職系	
直接下級		所轄人員		崗位分析日期	
本職	負責公司的生產管理				

職責與工作任務	職責1	職責表述：負責起草生產管理制度			
		工作任務	負責起草公司生產管理制度		
	職責2	職責表述：負責起草生產經營計劃			
		工作任務	根據公司年度經營計劃，負責起草生產計劃		
	職責3	職責表述：監督指導生產經營計劃的落實情況			
		工作	監督生產經營計劃的落實情況		
		任務	指導生產經營計劃的落實情況		
	職責4	職責表述：協助部長做好安全生產管理工作			
		工作	檢查生產各環節，預防事故隱患		
		任務	監督指導各工廠安全生產管理工作		
	職責5	職責表述：總結生產管理經驗			
		工作	總結生產管理經驗		
		任務	提出改進意見		
	職責6	職責表述：主管交辦的其他任務			
權力	生產的管理權				
	生產的監督權				

續表

工作協作關係	內部協調關係	生產技術部
	外部協調關係	公司其他各部門
任職資格	教育水準	中專及以上學歷
	專業	企業管理或相關專業
	培訓經歷	生產管理
	經驗	企業管理
	知識	機械製造
	技能技巧	有一定的語言表達、寫作能力
	能力	溝通、協調
其他	使用工具/設備	辦公桌、電腦
	工作環境	一般辦公環境
	工作時間特徵	正常工作時間，偶爾需要加班
	所需記錄文檔	檔案、制度、計劃

四十七、庫房管理員

崗位名稱	庫房管理	崗位編號			所在部門	生產技術部
崗位定員		直接上級	生產技術部長		職系	
直接下級		所轄人員			崗位分析日期	
本職	負責原材料、備品備件、產成品的庫房管理工作					
職責與工作任務	職責 1	職責表述：負責原材料、備品備件、產成品的驗收及入庫工作				
		工作任務	根據驗收標準對倉庫原材料按照品種、品質進行驗收			
			負責辦理入庫手續，填寫「入庫驗收單」，記賬入庫			
	職責 2	職責表述：負責入庫物資的保管工作				
		工作任務	負責組織物資的安放			
			對物資進行分類管理，建立「材料賬」及「材料登記卡」			
			負責物資消耗的統計工作，將超儲物資情況報上級			
			負責盤點工作，提供物資收、發、存情況			
			負責庫內安全衛生工作			
	職責 3	職責表述：負責庫房物資出庫的管理工作				
		工作任務	根據「領料單」辦理物資出庫手續			
			負責將可修復的回收物資交有關部門修理			
	職責 4	職責表述：負責庫房物資採購計劃的申報工作				
		工作任務	收到各單位用料計劃後，根據庫存量填制材料採購計劃表並報上級			
			負責將公司主管審批後的計劃上傳採購部門並備份			
	職責 5	職責表述：主管交辦的其他任務				

續表

權力	對庫房物資的管理權	
	對驗收不合格物資有拒收權	
	對庫房採購物資的種類、數量的申報權	
	對不符合規定的支領行為有拒絕支付的權力	
工作協作關係	內部協調關係	公司內各部門
	外部協調關係	供應商、公司供銷部門
任職資格	教育水準	中專以上學歷
	專業	統計、管理及相關專業
	培訓經歷	物資管理培訓、原材料知識培訓、電腦培訓以及其他相關業務知識培訓
	經驗	3 年以上庫房管理工作經驗
	知識	具備物資管理統計知識，瞭解原材料各類物資
	技能技巧	掌握電腦基本操作，熟悉各物資種類、型號規格
	能力	統計、管理
其他	使用工具/設備	電腦、計算器、電話
	工作環境	一般辦公環境
	工作時間特徵	正常工作時間，偶爾需要加班
	所需記錄文檔	物資材料賬、材料卡片、採購計劃表、盤點表

四十八、食堂主管

崗位信息	崗位名稱	食堂主管	崗位編號	
	崗位等級		薪資水準	
	工作部門	後勤部	直接上級	
	直接下級		所轄人數	

工作職責及績效標準	職責描述	責任劃分	績效標準
	業務職責： 1. 全面負責食堂的經營管理，確保食堂正常運行 2. 制定食堂管理的各項規章制度，並監督執行 3. 負責組織制定員工膳食食譜，保證及時供應 4. 負責組織各類物品的採購工作，並負責採購驗收及對不合格品的處理工作 5. 組織做好食堂衛生清掃工作和定期大掃除工作 6. 嚴格控制食堂伙食成本費用支出，並定期彙報	全責 協助 全責 全責 部份 全責	1. 各項制度規範、完善 2. 用餐安全事件發生次數為 0 次 3. 採購成本節約率達＿％食堂環境衛生檢查合格率達＿％ 5. 成本節約率達＿％ 6. 員工滿意度評分達＿分
	管理職責： 1. 負責食堂餐具的管理，以防流失損壞 2. 負責食堂食品安全、設施安全及人員安全工作 3. 做好食堂人員的考勤、考核、獎懲管理及業務工作指導	部份 全責 部份	1. 餐具損耗率低於＿％ 2. 食堂安全事故發生次數在＿次以內 3. 有效投訴次數控制在＿次以內

續表

職位關係	可晉升職位	後勤部經理	
	可相互輪換職位	宿舍主管、綠化主管	
	可降低職位	食堂管理員	
任職資格	教育水準	(1)大學 (2)具備管理方面的知識，熟悉食品衛生知識	
	工作經驗及業務瞭解範圍	(1) 3 年以上相關工作經驗 (2) 2 年以上餐廳管理或後勤管理經驗	
	技能/能力	能力項目	能力要求
		組織能力	能夠有效組織下屬開展食堂工作,順利完成工作任務
		溝通能力	能夠積極與上級和下屬順暢溝通,及時瞭解和掌握下屬的工作狀態
		協調能力	可以很好地協調公司內、外部門,順利完成交辦的工作

四十九、宿舍管理員

崗位信息	崗位名稱	宿舍管理員	崗位編號	
	所屬部門	後勤部	直接上級	
工作概述	根據宿舍管理的各項規章制度對宿舍進行日常管碑，為公司員工提供乾淨整潔的宿舍環境、舒適安心的休息場所			

工作內容及績效標準	工作內容： 1. 落實宿舍管理的各項規章制度，負責職工宿舍的日常管理工作 2. 負責職工的住宿登記、調宿、退宿等事宜 3. 督促宿舍內的職工做好內務和衛生工作 4. 負責好宿舍的安全工作，做好防火、防盜工作 5. 負責宿舍樓內的公共設施管理，確保設施安全正常運行 6. 維護好宿舍秩序，嚴格把控門禁管理，做好人員來訪登記工作	績效標準： 1. 宿舍衛生合格率達____% 2. 無重大安全事故發生 3. 設施完好率達____% 4. 設備維修及時率達____% 5. 員工投訴次數在____次內

任職資格	教育水準	(1)初中以上學歷 (2)具備一定的日常安全管理知識
	經驗要求	(1)2 年以上工作經歷 (2)1 年以上大型企業宿舍管理經驗
	能力要求	(1)具有較強的溝通協調能力 (2)具有一定的管理能力、應變能力

五十、車輛駕駛員

崗位信息	崗位名稱	車輛駕駛員	崗位編號	
	所屬部門	後勤部	直接上級	

工作概述	服從車輛主管的各項工作安排,做好車輛維護和清潔工作,安全行車,為乘車人員提供優質的車輛服務	

工作內容及績效標準	工作內容: 1. 根據車輛主管的調度按時完成出車任務,安全行車 2. 出車前做好車輛檢查工作,確保車輛狀況良好 3. 做好車輛清潔和日常維護工作,定期維護和保養 4. 注意節省各項用車費用,提高用車效率 5. 車輛用完及時歸隊,不得私自借予他人,或為己用 6. 助辦理車輛年檢、保險、牌照等事項 7. 嚴格遵守交通規則,協助交通事故的調查處理工作	績效標準: 1. 出車及時率達___% 2. 違反車輛管理規定的次數為 0 次 3. 百公里耗油量控制在要求的範圍內 4. 無交通違章情況 5. 用車滿意度評價達___分

任職資格	教育水準	(1)中專學歷以上 (2)熟悉車輛,能判斷車輛故障,知曉年檢、保險辦理等程序
	經驗要求	(1) 5 年以上駕齡,無責任事故 (2)熟悉公司所在城市及週邊的交通路線
	能力要求	(1)有較強的自控能力 (2)具有良好的駕駛技術和安全服務意識

五十一、物業管理總監

項目	具體說明	權重
職責概述	負責監督、管理物業的運營工作，統籌抓好建築物的物業管理服務	
工作職責	職責一：物業規章制度體系構建	10%
	工作任務 1. 負責制定物業管理的各項規章制度、作業流程及相關規範性文件，報總經理審批 2. 根據企業發展及出現的新情況，及時對物業管理制度進行修訂、完善	
	職責二：物業服務管理	30%
	工作任務 1. 負責協調和管理綠化、安全等相關工作 2. 指導監督各項目工作執行情況，保證物業管理服務品質達標 3. 監督管轄區域內大型新建、改建、擴建項目的實施工作	
	職責三：成本費用管理	30%
	工作任務 1. 針對不同業態的具體項目進行項目分析，分析測算各業態項目的物業管理成本 2. 有效控制各項成本的產生和費用的支出	
	職責四：內外關係協調	20%
	工作任務 1. 諮詢和聽取業主各種意見，參與對重大物業投訴的處理，與業主保持良好關係 2. 協調本部門與公司其他職能部門的關係 3. 與外部關聯部門保持良好的合作關係	

續表

工作職責	職責五：部門工作管理	10%
	工作任務 1. 根據物業管理公司職能及物業規模，確定本部門的組織架構、崗位職責 2. 負責指導、管理、監督下屬分管部門員工的業務工作，使其不斷提高工作效率 3. 負責下屬員工的管理、培養、考核工作	

KPI 指標	1. 財務類：主營業務收入、物業管理費用 2. 內部運營類：物業工作計劃完成率、環境衛生達成率 3. 客戶類：投訴處理率、業主滿意度 4. 學習和發展類：培訓計劃完成率、核心員工保有率

工作協作關係	內部　　　　　總經理　　　　　外部 　　　　　　　　副總經理 公司內各部門　←→　物業總監　←→　業主 相關政府部門 相關業務單位 　　　　　　　　物業經理

工作權限	權限 1：對企業物業管理規劃的建議權 權限 2：對物業服務工作開展情況享有指導權、監督權 權限 3：依據物業部工作手冊對員工進行考核和獎懲的權限 權限 4：對部門費用支出的審核權 權限 5：對下屬業務工作的指導與考核權

步 驟 七

職位說明書的診斷案例

◎案例一　金屬公司開展工作分析的案例

　　金屬加工的××公司，創業之初只有 20 多人，經過全體員工的辛勤努力，已發展成為產、供、銷於一體的集團公司，目前有 7 個部門，擁有員工 400 多人。

　　隨著業務擴張的需要，公司在經營的過程中，各種問題逐漸凸顯出來：

　　1. 部門之間、職位之間的職責與權限缺乏明確的界定，有的部門抱怨事情太多而人手不夠，任務不能按時完成；有的部門抱怨人員冗雜、人浮於事、效率低下。

　　2. 在人員招聘方面，招聘標準模糊。

　　3. 工作中，由於沒有明確的工作任務要求，部份崗位員工都按照自己的理解來工作。

4.在激勵機制方面，公司缺乏科學的績效考核和薪酬制度，造成員工流失嚴重。

針對上述問題，公司決定實施一次全面的工作分析。

1.組織結構設計。在進行工作分析之前首先要對公司的組織結構進行分析和探討，對組織結構的設計需考慮組織發展戰略、組織所處環境、業務特點、發展規模、人力資源狀況等，確定組織結構設計的思路。

2.工作分析的實施主體。經過與公司高層的溝通，決定組建工作分析小組，小組由公司一位副總、人力資源部工作人員及外部聘請的一位專家組成。

3.工作分析的實施流程。工作分析的實施流程及時間安排如表所示。

4.工作分析前期資料的收集。

5.工作分析方法及工具。公司人員較多，為了高效率地完成工作分析，採用問卷調查的方式為主，訪談法、觀察法、工作日誌法為輔的方法。

6.撰寫工作崗位說明書。根據收集核實的信息，人力資源部展開職位說明書的編寫工作。

表 7-1-1　工作分析實施流程及時間安排

階段	工作內容
準備階段	· 明確工作分析的目的及主要工作任務 · 前期的宣傳、溝通 · 工作小組人員的確定 · 確定收集信息的內容及方法 · 工作分析過程中必要工具的準備 · 公司現有資料的調研
實施階段	· 分發《調查問卷表》和《工作日誌表》 · 員工拿到問卷後在兩天內填寫完畢並交到部門負責人手中 · 人力資源部與相關人員進行訪談或者去工作現場考察 · 收集《調查問卷表》和《工作日誌表》
描述、整合階段	· 對收集到的信息進行審核、確認 · 人力資源部工作人員與部門負責人、崗位任職者進行溝通,確認信息的真實性 · 形成初步的職位說明書 · 綜合各方面的信息,對初步形成的職位說明書進行修正並存檔保管

表 7-1-2　技術管理專員崗位說明書

崗位名稱	技術管理專員	職位代碼		所屬部門	技術部
直接上級	技術部經理	職位等級	___級	編制日期	___月___日
職責概述	制定企業技術管理規章制度，為企業提供技術上的支援，確保企業技術管理工作的有序進行				

工作職責	工作職責	負責程度
	指導及監控企業品質技術安全運作	全部
	機器設備的操作實行規範化管理	全部
	項目的研發	全部
	協助部門經理制訂技術發展戰略規劃	部份
	編寫企業各項技術管理制度	全部
	為企業提供技術支持	全部
	進行對外技術交流與合作	全部

工作權限	・ 對設備、技術方案的改進權 ・ 工廠生產人員的監督和檢查權
工作關係	企業內部： 技術部門工作人員、生產部、質檢部 企業外部： 技術品質監督局、科研機構、同行業的企業
崗位任職資格	教育背景： 理工科專業學歷 工作經驗： 3 年以上相關工作經驗 技能要求： ・ 有較強的分析判斷能力、計劃組織能力和創新能力 ・ 熟悉政府頒佈的相關技術標準 ・ 精通專業知識
工作環境	辦公室及生產工廠

　　透過此次全面的工作分析，首先解決了各部門和各崗位職責不清、任務不明晰、互相推諉的情況，同時也為公司未來的發展奠定了堅實的基礎。

　　在組織結構設計上應確定組織設計的基本方針和原則（如需考慮組織目標、內外部環境等），接著進行職能分析，確定關鍵職能並將其分解為具體的業務和工作。

　　在進行工作分析時，公司確定了其目的和內容、實施人員等，並以某一職位為例進行分析，這一系列的工作完成後，對解決公司管理存在的問題是有改進作用的。

◎案例二　地產公司工作分析的成果案例

　　房地產開發公司近年來，隨著經濟的發展，房產需求強勁，公司飛速發展，規模持續擴大，逐步發展為一家中型房地產開發公司。

　　隨著公司的發展和壯大，員工人數大量增加，組織和人力資源管理問題逐步凸顯出來。

　　1. 組織上的問題：公司現有的組織機構是基於創業時的公司規劃，並隨著業務擴張的需要逐漸擴充所形成的。在運行過程中，組織與業務上的矛盾逐步凸顯出來。部門之間、職位之間的職責與權限缺乏明確的界定，推諉扯皮現象不斷發生；有的部門抱怨事情太多，人手不夠，任務不能按時、按質、按量完成；有的部門又覺得人員冗雜，人浮於事，效率低下。這些情況嚴重制約了公司業務的發展，並給客戶留下了不好的印象。

2.招聘中的問題：公司的人員招聘是由各用人部門提出人員需求和任職條件作為選錄的標準，然後交由人力資源部組織招聘和面試。但是用人部門給出的招聘標準往往籠統含糊，招聘主管無法準確地加以理解，使招來的人大多差強人意。同時，目前的許多崗位都不能做到人事匹配，員工的能力得不到充分發揮，嚴重挫傷了員工的士氣，影響了工作的效果。

3.晉升中的問題：公司員工的晉升以前由總經理直接決定。但是，隨著公司規模的擴大，總經理已經沒有時間與基層員工和部門主管打交道，基層員工和部門主管的晉升只能按照部門經理的意見去做。在晉升中，上級和下屬之間的私人感情成了決定性的因素，有才幹的人往往不能獲得提升。因此，許多優秀的員工由於看不到自己的前途而另謀高就。

4.激勵機制的問題：公司缺乏科學的績效考核和薪酬制度，考核中的主觀性和隨意性非常嚴重，員工的報酬不能體現其價值與能力，人力資源部經常聽到員工對薪酬的抱怨和不滿，這也是人才流失的重要原因。

面對這樣嚴峻的形勢，人力資源部開始著手改革人力資源管理工作。人力資源部的林經理為此專門參加了人力資源管理培訓班。在培訓班上，林經理瞭解到，工作分析是企業人力資源管理的基礎，自己公司的許多問題似乎與此相關。因此，在和總經理商議後，他決定以工作分析作為改革的切入點。於是，人力資源部以林經理為首的幾個主管，成立了一個工作分析小組，全權負責工作分析項目的開展工作。

首先，他們開始尋找進行工作分析的工具與技術。在閱讀了目前流行的基本工作分析的書籍之後，從中選取了一份工作分析問卷作為收集職位信息的工具。工作分析問卷如下：

一、職位基本情況

姓名		現任職位名稱		年齡	
學歷		所學專業		職稱	
目前薪資					
所在科室、部門、子公司					

二、本職位設置的目的

（請你填寫你的工作目的）

三、工作職責(請儘量列出本職位的職責,並按照其重要性加以排序)

(請你填寫你的工作職責。填寫空格不夠時,可以另附表格)

重要性	工作職責	時間比重
1		
2		
3		
4		
5		
6		
7		
8		
9		
其他		

四、填寫圖表。以表明本職位在這個組織中所處的層級

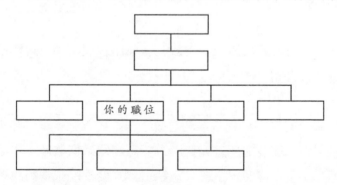

五、工作聯繫

內外	聯繫對象（部門或單位）	聯繫主要內容
與公司總部各部門的聯繫		
與公司子公司的聯繫		
與公司外部單位的聯繫		

六、知識和能力要求

學歷要求	
專業要求	
能力要求	
知識要求	
技能要求	

　　然後，人力資源部將問卷發放到各部門經理手中，同時在公司內部網上發了一份關於開展問卷調查的通知，要求各部門配合人力資源部的工作。

　　據反映，問卷下發到各部門之後，一直擱置在各部門經理手中，並沒有發下去。很多部門是直到人力資源部開始催收時，才把問卷發放到每個人手中。同時，由於大家都很忙，很多人在拿到問卷後沒有時間仔細思考，草草填寫完事。還有很多人在外地出差，或有任務纏身，自己無法填寫，而由同事代筆。此外，據一些較為重視這次調查

的員工反映，大家都不瞭解這次問卷調查的意圖，也不理解問卷中那些陌生的管理術語，想就疑難問題向人力資源部進行詢問，也不知道具體該找誰。因此，在回答問卷時只能憑藉個人的理解填寫，無法把握填寫的規範和標準。

一個星期之後，人力資源部收回了問卷。他們發現，問卷填寫的效果不太理想，有一部份問卷填寫不全，一部份問卷答非所問，還有一部份問卷根本沒有收上來。辛苦調查的結果卻沒有發揮它應有的價值。

與此同時，人力資源部也著手選取一些職位進行訪談。但在試著談了幾個職位之後，發現訪談的效果並不好。因為在人力資源部，能夠對部門經理直接進行訪談的人只有人力資源部經理一人，主管和一般員工都無法與其他部門經理直接進行溝通。同時，由於經理們都很忙，找到雙方都合適的時間，實在不容易。因此，兩個星期只訪談了兩個部門經理。

人力資源部的幾位主管負責對經理級以下的人員進行訪談，訪談中出現的情況卻出乎意料。大部份時間都是被訪談的人在發牢騷，指責公司的管理問題，抱怨自己的待遇不公等。而在談到與工作分析相關的內容時，被訪談人往往閃爍其詞，顧左右而言他，似乎對人力資源部的這次訪談不太信任。訪談結束之後，訪談人都反映對該職位的認識還是停留在模糊的階段。這樣持續了兩個星期，訪談了大概 1/3 的職位。林經理認為時間不能再拖延下去了，決定開始進入項目的下一個階段——撰寫職位說明書。但由於各職位的信息收集還不完全，人力資源部不得不另覓他途。他們透過各種途徑，從其他公司收集了許多職位說明書，試圖以此作為參照，並結合問卷和訪談收集的一些信息來撰寫職位說明書。

　　在撰寫階段，人力資源部還成立了幾個小組，每個小組專門負責起草某一部門的職位說明，並且還要求各小組在兩個星期內完成任務。在起草職位說明書的過程中，人力資源部的員工都頗感為難，一方面，不瞭解別的部門的工作，問卷和訪談提供的信息又不準確；另一方面，大家缺乏寫職位說明書的經驗，因此，寫起來感覺很費勁。很多人為了交稿，不得不急急忙忙、東拼西湊了一些材料，再結合自己的判斷，最後成稿。

　　最後，職位說明書終於出台了。人力資源部將成稿的職位說明書下發到各部門，同時，還下發了一份檔，要求各部門按照新的職位說明書來界定工作範圍，並按照其中規定的任職條件進行人員的招聘、選拔和任用。但這卻引起了其他部門的強烈反對，很多部門的管理人員甚至公開指責人力資源部，認為人力資源部的職位說明書是一堆垃圾檔，完全不符合實際情況。

　　於是，人力資源部與相關部門召開了一次會議來推動職位說明書的應用。人力資源部經理本想透過這次會議說服各部門支持這一項目，結果卻恰恰相反，會上，人力資源部遭到了各部門的批評。由於人力資源部對其他部門不瞭解，對他們提出的問題無法做出解釋。因此，會議的最終結論是，讓人力資源部重新編寫職位說明書。後來，經過多次重寫與修改，職位說明書始終無法令人滿意，工作分析項目不了了之。

　　人力資源部的員工經歷了這次失敗後，對工作分析徹底喪失了信心。他們開始認為，工作分析只不過是「霧裏看花，水中望月」的東西，說起來挺好，實際上卻沒有什麼用處，而且工作分析只是針對西方那些管理先進的大公司提出的，拿到企業來，根本就行不通。原來雄心勃勃的人力資源部經理也變得灰心喪氣，對項目失敗的原因百思

不得其解。

那麼，工作分析真的是「霧裏看花，水中望月」嗎？該公司的工作分析項目為什麼會失敗呢？

該公司為了解決管理上的諸多問題，從工作分析入手來實施改革是正確的。因為工作分析是人力資源管理體系的奠基石，為其他人力資源管理活動提供了支持，也就是說，幾乎所有的人力資源管理活動——甄選、績效評價、培訓與開發、職位評價、職業生涯規劃、職位再設計以及人力資源規劃等——都需要運用工作分析所獲得的某些類型的信息。因此，透過實施科學的、系統的、動態的工作分析，有利於解決該公司現存的諸多問題，例如，部門間和崗位間職責、權限界定不明確，推諉扯皮的現象不斷發生，人崗不匹配，人員編制不合理，員工士氣低落，人才流失嚴重，晉升與考核缺乏客觀性，薪酬體系缺乏內部公平性，等等。

在此案例中，A 公司的工作分析失敗了，其原因主要是，A 公司在組織與實施工作分析過程中存在如下問題：

一、工作分析準備工作不充分

A 公司在實施工作分析之前沒有作充分的準備，具體表現為：

1. 工作分析缺乏目標導向

實施工作分析要遵循目標明確原則，即工作分析實施前，要明確工作分析的目的。基於不同目的的工作分析，其側重點也不同。工作分析的目標決定了工作分析需要收集的信息類型、方法技術、職位說明書的結構和內容，等等。

而案例中 A 公司的高層主管和工作分析小組成員對工作分析的

目標不夠明確，他們只是籠統地知道要透過實施工作分析來解決公司現存的問題，卻沒有明確工作分析的目標，因而可能導致收集的信息針對性不強。

2.缺乏組織成員

實施工作分析還要遵循參與原則，即需要高層主管的大力支持、各部門管理人員的理解，以及員工的積極配合。工作分析絕不是人力資源部孤軍奮戰就能做好的工作，只有相關人士都積極參與，才能保障工作分析小組及時收集到有效、真實、全面的信息。高層主管沒有在公司內進行動員，沒有宣傳實施工作分析對公司的意義，只是由「人力資源部將問卷發放到各部門經理手中，同時在公司內部網上發了一份關於開展問卷調查的通知，要求各部門配合人力資源部的工作」。因此，該公司各部門經理沒有重視工作分析，造成「問卷在下發到各部門之後，一直擱置在各部門經理手中，並沒有發下去。很多部門是直到人力資源部催收時，才把問卷發放到每個人手中」。因而也就沒有引起普通員工對工作分析的重視和配合。

此外，雖然人力資源部實施工作分析得到了總經理的同意，但並沒有得到總經理強有力的支持，沒有得到切實的授權，導致訪談中，整個工作分析小組成員只有人力資源部經理才「夠級別」訪談各部門經理。

3.缺乏對相關背景信息的瞭解

A公司在收集工作分析信息之前，沒有調查組織和職位的相關背景數據，例如，組織的戰略、文化、各項制度和政策、組織機構、工作流程圖、各部門職能職責分工、崗位配置圖、崗位辦事細則以及原有的工作說明書等。

4.缺乏對工作分析中可能出現問題的預測

　　A公司在實施工作分析中遇到了許多預料之外的障礙，使工作分析小組成員不知所措。例如，各部門經理沒有給予足夠的支持，沒有及時下發工作分析問卷；員工倉促填寫問卷，敷衍了事；訪談中只能「平級對話」；訪談受到員工的抵觸等，導致工作分析小組收集不到準確、全面的職位信息。工作分析小組之所以會遇到這些讓他們猝不及防的問題，主要是由於在實施工作分析項目前缺乏對可能出現問題的預測。

5.缺乏對工作分析員的培訓

　　案例中，「在起草職位說明書的過程中，人力資源部的員工都頗感為難」，最後只能「東拼西湊了一些材料，再結合自己的判斷，最後成稿」，導致說明書只是「一堆垃圾檔」，「完全不符合實際情況」，無法應用於工作實踐。這是因為，在實施工作分析項目前，缺乏對工作分析員，即A公司人力資源部員工的培訓，導致他們在編寫職位說明書的過程中不知道如何編寫。

二、工作分析過程中缺乏溝通

　　工作分析若要成功實施，溝通起著決定性的作用。溝通應當貫穿工作分析全過程，但是 A 公司人力資源部恰恰忽視了溝通的重要作用。

　　工作分析實施過程中，工作分析小組沒有向問卷填寫者和被訪談者說明此次工作分析的目的、流程及意義，並且在問卷中缺乏填寫說明，也沒有對員工填寫問卷進行指導，導致員工不明白問卷中的專業術語，不知如何填寫問卷，「很多人想就疑難問題向人力資源部進行

詢問，也不知道具體該找誰」。此外，接受訪談時不信任工作分析小組，對於職位信息閃爍其詞，不能提供全面、準確的信息，也是由於溝通不夠造成的。

　　工作分析結果出來後，人力資源部並沒有與崗位任職者進行溝通，以修改完善工作說明書，更沒有經過任職者及其部門經理的簽字確認，便直接「將成稿的職位說明書下發到各部門，同時，還下發了一份檔，要求各部門按照新的職位說明書來界定工作範圍，並按照其中規定的任職條件來進行人員的招聘、選拔和任用」。這種主觀的做法必然會遭到各部門的強烈反對，因此這樣的工作說明書沒有任何意義。

三、沒有正確運用工作分析相關方法、技術

　　在收集職位信息的過程中，該小組運用了問卷調查法和訪談法，但在具體運用這兩種方法時都存在一些錯誤。

1. A公司使用問卷調查法時的錯誤

　　⑴只是簡單照抄書上的問卷，沒有設計個性化的調查問卷，即沒有考慮如下內容：填寫說明、閱讀難度、填寫難度、填寫者的文字水準等。

　　⑵問卷中缺少填寫指導和填寫範例，也沒有對人力資源專業術語進行解釋，例如，重要性排序、時間比重、工作職責、職位設置的目的等，造成許多填寫者「不理解問卷中那些陌生的管理術語」。

　　⑶缺乏問卷測試，忽視了分析該問卷是否適合本次工作分析。

　　⑷在問卷填寫過程中，工作分析小組成員缺乏對過程的控制，沒有及時跟蹤問卷填寫狀況，造成「很多人想就疑難問題向人力資源部

進行詢問，也不知道具體該找誰。因此，在回答問卷時只能憑藉個人的理解填寫，無法把握填寫的規範和標準」，最終導致對問卷填寫過程失控，「一部份問卷答非所問，還有一部份問卷根本沒有收上來。辛苦調查的結果卻沒有發揮它應有的價值」。

2. A 公司使用訪談法時的錯誤

(1)缺乏對工作分析員的訪談技能培訓，造成訪談失控，訪談中「大部份時間都是被訪談的人在發牢騷，指責公司的管理問題，抱怨自己的待遇不公平」。

(2)在訪談開始階段，小組成員沒有做到如下 3 點：

①沒有建立輕鬆、舒適、互信的訪談氣氛，造成「在談到與工作分析相關的內容時，被訪談人往往閃爍其詞，顧左右而言他，似乎對人力資源部的這次訪談不太信任」。

②沒有介紹本次訪談的流程以及對被訪談者的要求，造成訪談內容偏離主題。

③沒有向被訪談者保證訪談的內容除了作為分析基礎外，將對其上級和組織中的任何人完全保密，造成被訪談人對人力資源部不信任，沒有積極提供信息。

(3)由於工作分析小組沒有得到足夠的授權，造成對部門經理的訪談只能是「平級訪談」，這樣勢必影響訪談計劃的實施。

為解決 A 公司的問題，建議採用如下方法：

1. 獲得全公司的支持與信任

A 公司各部門經理對工作分析小組的工作冷淡懈怠，各部門員工對工作分析心生恐懼，主要原因就是工作小組事先沒有作宣傳動員，員工不清楚工作分析的原因、流程和目的，對這項突如其來的工作不配合，對實施者也不信任。所以，A 公司應當在事前爭取高層主管的

大力支持並獲得足夠的授權，由高層主管動員各部門經理積極配合工作分析小組的工作，最好開一個工作分析動員大會，在大會上明確工作分析對公司、各部門以及各崗位的意義，力求讓各層次人員在工作分析之前都明確如下問題：

(1)組織的高層管理者：他們是否清楚地瞭解工作分析的必要性？瞭解工作分析的目標是什麼？是否知道實施工作分析的流程？是否清楚將要花費的時間、金錢和人力？

(2)組織的中層管理者：他們是否瞭解工作分析的必要性？是否瞭解工作分析對本部門的影響？

(3)一般員工：他們是否瞭解工作分析的目的？是否知道在工作分析過程中其本人需要給予那些配合？

工作分析若要成功，必須在全公司範圍內獲得支持與信任，而不是讓工作分析小組孤軍奮戰。

2.強化溝通

溝通是解決員工對工作分析產生恐懼心理和抵觸情緒的金鑰匙，與員工的溝通應該貫穿工作分析的全過程。從實施前的動員、實施過程中的答疑和核對工作信息，到讓員工積極參與，對工作分析結果提出意見，疏通信息回饋管道，每一個環節都要力圖減少員工對工作分析的誤解，才能緩解員工對工作分析的恐懼心理，以取得員工對工作分析的支援。

(1)在實施工作分析前，為了消除員工對工作分析的恐懼心理和抵觸情緒，需要與他們進行溝通，讓員工瞭解目前組織記憶體在那些管理方面的問題，透過工作分析可以解決什麼問題，瞭解工作分析實施的必要性、目的和意義；此外，向員工解釋實施工作分析會對組織、部門、各崗位產生什麼影響，以減少員工的主觀猜測和臆斷。這是爭

取員工信任和支持的過程。

(2)工作分析實施過程中，工作分析員要及時監控問卷填寫過程，積極熱情地提供問卷填寫諮詢與指導，最好是面對面或者電話溝通，及時解答員工對工作分析信息收集、結果形成及運用等方面的疑問，消除員工的心理隱患。這就要求工作分析小組疏通溝通管道。

(3)工作分析過程中，及時向員工回饋工作分析的階段性成果和最終成果，並允許員工提出自己的意見，以增強員工的參與感，提高其對工作分析過程和工作分析結果執行的支援程度。

(4)工作分析結束後，仍然要保持與員工的溝通，以期得到他們的回饋意見以及對工作中所發生變化的及時報告，這有助於動態管理工作分析結果，及時更新、修訂工作分析結果，使其在應用中更具有價值。

3.完善工作分析流程

(1)確定工作分析的目的，決定收集信息的類型及方法。工作分析的目的決定了在調查、分析過程中需要收集的信息的側重點以及工作分析的成果，建立以目標為導向的工作分析系統。

(2)調查相關的背景信息。工作分析一般應該調查的背景資料包括：組織的戰略、文化、各項制度和政策，組織機構，工作流程圖，各部門職能職責分工，崗位配置圖，崗位辦事細則以及原有的工作說明書，等等。

(3)選擇典型職位進行分析。當需要分析的工作很多，彼此間又比較相似時，一個一個分析必然非常耗費時間，選擇典型職位進行分析就十分必要了。

(4)選擇工作分析方法。工作分析的方法很多，具體方法的選擇依據的是使用信息的方法以及該方法對組織是否最為可行。工作分析方

法可以分為幾大類：通用的工作分析方法、傳統的工作分析方法及現代的工作分析方法(包括以人為基礎的系統性方法和以工作為基礎的系統性方法)。

⑸在分析完典型崗位之後，再比對著典型崗位，對組織的所有崗位進行分析。

⑹收集工作相關信息。根據調查方案開展職位調查，收集有關工作活動、職責、工作特徵、環境和任職要求等方面的信息，對組織的各個職位進行全方面的瞭解。這些信息的真實性和準確性直接關係到工作分析的品質。

⑺整理和分析所得到的工作信息。工作分析並不是簡單機械地積累工作信息，而是在深入分析和認真總結的基礎上，對各職位的特徵和要求作出全面說明。這就要求把所收集到的信息與從事這些工作的人員以及他們的直接主管進行核對，以減少可能出現的偏差。同時，這一過程還為這些工作的承擔者提供了一個審查和修改工作描述的機會，有助於這些信息被所有與被分析工作相關的人所理解。此外，透過各種方法收集的有關工作的信息，必須同工作任職者、任職者的主管和人力資源部門的人員共同進行審查、核對和確認。

⑻工作分析結果的形成──編寫工作說明書。一般而言，工作說明書由工作說明和職位規範兩部份組成。工作說明是對有關工作職責、工作內容、工作條件以及工作環境等工作自身特性的書面描述，而職位規範則描述了工作對人的知識、能力、品格、教育背景和工作經歷等方面的要求。有時候，工作說明和職位規範分兩份來寫，有時候則合併在一份工作說明書中。

⑼工作分析結果的核對與修訂。工作分析結果形成之後，要在組織範圍內進行溝通，徵詢高層管理者、工作分析任職者及其上級對工

作分析結果的意見和建議，並修改完善。

　　職位說明書等文件的管理和使用是一個動態的過程，工作分析主管人員應建立職位說明書回饋管道，不斷收集回饋信息，完善職位說明書。

4.正確運用工作分析相關方法和技術

⑴ A公司在使用問卷法時應當注意的事項

　　①對調查問卷進行個性化設計，考慮填寫說明、閱讀難度、填寫難度、填寫者文字水準等內容。最好給填寫者提供一份填寫樣例，以某一崗位的調查問卷填寫結果為例提示填寫者。根據每一崗位族的特點設計一份適合該崗位族的個性化問卷，有針對性地收集更多、更有效的信息。

　　②重視問卷測試。在正式下發問卷之前，先選取部份職位任職者試填問卷，然後對問卷進行修改定稿。

　　③解釋問卷中的人力資源專業術語，配上填寫範例和指導說明，以便填寫者準確理解問卷中的問題。

⑵ A公司在使用訪談法時應當注意的事項

　　①完善訪談流程，包括訪談準備階段、訪談開始階段、訪談主體階段、訪談整理階段、訪談結束階段。

　　②除了訪談工作的直接任職者之外，有時還需要訪談整個工作流程的上游供給者、下游接收者、管理層級中的直接上級及同事，目的是收集更全面的工作分析信息。具體訪談對象的多寡根據崗位特徵、時間限制及人力而定。

　　③事前對訪談者進行專項訪談技能培訓，使其具備綜合訪談技能，包括積極聆聽對方談話，準確把握談話要點，掌握並調節被訪談者的情緒，深入分析被訪談者的弦外之音，掌控訪談節奏，全面系統

地記錄訪談信息，熟練運用錄音筆、電腦等輔助記錄手段，等等。

④設計針對不同職位層級或者崗位族的訪談提綱，事前將訪談提綱發到被訪談者手中。

⑤訪談開始階段，訪談者應當幫助被訪談者建立和平、互信的心態，向被訪談者介紹訪談的流程及對被訪談者的要求，重點強調本次工作分析的目的和預期目標、所收集信息的用途及相關技術性問題的處理方法（尤其是標杆崗位的抽取、被訪談者的抽取方式），並且向被訪談者保證訪談的內容除了作為分析基礎外，將對其上級和組織中的任何人完全保密。

5.聘請諮詢機構

針對 A 公司的工作分析小組成員缺乏工作分析經驗的情況，如果條件允許，可以考慮引入第三方（諮詢機構、高校等的工作分析專家），直接參與、指導公司實施工作分析。

如果組織決定選擇外部諮詢機構來實施工作分析，可以參照以下步驟來選擇具體的諮詢機構：

⑴獲取諮詢機構數據並進行初步篩選；

⑵初步會談；

⑶審閱諮詢機構提交的項目建議書；

⑷確定最終入圍的諮詢機構。

在實施工作分析時應當明確：工作分析是一項系統工程，它包含事前充足的準備，實施過程中的監控，以及實施結束後對分析結果的不斷跟蹤修訂；它需要高層主管的強有力支援、中層各部門經理的理解，以及全體普通員工的信任與配合，而絕不是人力資源部一個部門的工作；它需要貫穿全過程的溝通；需要科學地運用相關方法與技術。一般而言，問卷調查法收集到的信息中，可用信息佔 20%～30%，

大量信息的獲得還是要靠訪談中面對面的溝通與交流。

◎案例三　商務公司撰寫職位說明書案例

P 公司是一家提供 B2B 服務的電子商務公司，公司有 9 個部門，200 多名員工。員工比較年輕，知識層次和技術水準較高，公司存在一些問題，阻礙公司的發展。

一、公司目前存在的問題

1. 由於公司業務的不斷擴張，使得公司人員不足，許多人都是身兼數職。

2. 部門間職責不清，有些工作任務重疊，存在部門間相互推諉的現象。

3. 管理者對任務的分派隨意性較大，總是不斷給工作進度快的員工加任務。

二、問題會診

針對上述問題，聘請相關的諮詢專家對問題進行會診。訪問了大量員工，對各部門的資料進行詳細的分析。最後得出的結論是：公司缺乏完備的工作分析和崗位評價，使得工作沒有一個可供衡量的統一標準。

　　透過與公司高層進行溝通，人力資源部和專家組認為他們的首要任務是採用工作日誌、職位分析問卷和現場觀測的形式，進行工作分析，制定職位說明書，明確每一個崗位的職責、任職資格、工作性質和範圍、崗位目標。

三、工作分析

1. 工作準備

　　(1)明確工作分析的目的：落實部門責任，將部門工作職能分解到各個職位，並明確各職位的職責與權限、任職要求以及績效指標等。

　　(2)對現有資料進行分析，研究待分析的職位，選定需要分析的職位樣本。

　　(3)選擇工作分析的方法，在充分考慮時間和成本等因素的情況下，決定採用問卷＋訪談的方式，這樣既可以避免佔用員工太多的工作時間，又能進行二次確認。

2.工作分析實施

該公司進行工作分析實施的流程如下圖所示。

圖 7-3-1 ××公司工作分析實施流程圖

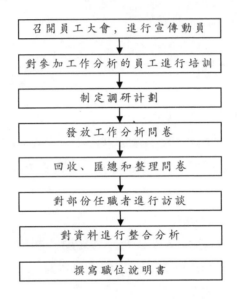

召開員工大會，進行宣傳動員

對參加工作分析的員工進行培訓

制定調研計劃

發放工作分析問卷

回收、匯總和整理問卷

對部份任職者進行訪談

對資料進行整合分析

撰寫職位說明書

四、職位說明書

在工作的基礎上，公司人力資源部會同相關人員著手職位說明書的編寫，例如市場部主管的職位說明書如下。

1.職位基本信息

下表為職位基本信息的具體內容，供讀者參考。

表 7-3-1　職位基本信息

職位名稱	市場部主管	職位編號	
直接上級	市場部經理	直接下屬	市場專員
分析時間	＿＿年＿＿月＿＿日		

2.職位設置目的

制定和實施公司市場戰略；促進公司整體行銷目標的實現。

3.崗位職責及評價標準

表 7-3-2 為崗位職責及評價標準的具體內容。

表 7-3-2　崗位職責及評價標準

崗位職責描述	評價標準
負責市場調研，及時向公司決策層提供有價值的市場信息	信息及時率與準確率
為公司提供合理可行的市場策略和應對市場變化的策略	建議採納數量
根據調研信息和公司發展戰略，協助市場部經理制定細緻週密的市場開發戰略和市場開發方案	方案實施效果
開發有效客戶，不斷與客戶進行溝通，跟蹤客戶的需求，落實對客戶的服務承諾	市場佔有率 客戶滿意度
服從市場部經理的安排，按時完成交辦的各項工作	主管滿意度
透過市場推廣、廣告宣傳等方式，提高公司和服務的知名度和美譽度	客戶滿意度 相關知名度和美譽度調查情況
安排、監督、協調和指導下屬工作，激勵下屬	員工滿意度
協調與公司其他部門的關係，協助其他部門的工作	內部滿意度

4.任職資格要求

表 7-3-3 為任職資格要求的具體內容。

表 7-3-3　任職資格要求

專業	工商管理、市場行銷等	學歷	大學本科及以上
經驗	相關工作經驗三年	電腦水準	能熟練操作 Office 等辦公軟體
外語水準	英語 4 級以上，口語流利	寫作能力	具有較強的文字表達能力
職位培訓	· 每年 3 月、9 月實施定期培訓，每次培訓時間為 5 天 · 市場部根據工作任務，不定期進行有針對性的培訓 · 培訓內容主要有市場調研方法、市場拓展方法、行銷的方法與技巧、廣告業務知識等		
其他要求	· 工作負責、敬業，責任心強 · 嚴謹細緻，有較強的分析判斷能力 · 良好的團隊協作能力和溝通協調能力 · 有較強的進取心和創新精神		

5.工作特徵

表 7-3-4 為工作特徵的具體內容。

表 7-3-4　工作特徵

工作均衡性	工作沒有明顯的規律，忙閒時間不定
工作場所	辦公室；有時需要出差，出差時間約佔工作時間的 30%
工作強度	工作節奏快、強度高
工作安全	無職業病危險

五、實施結果

　　透過這次工作分析，公司首先明確了各部門、各崗位的職責，不僅讓員工清楚地知道了自己需要做什麼、應該做什麼，有效地解決了任務重疊、相互推諉、責任不清等現象，而且方便了人力資源部門的招聘和培訓工作，為公司未來的發展奠定了堅實的基礎。

　　職位說明書在企業管理中的作用十分重要，不但可以幫助任職人員瞭解其工作，明確其責任範圍，還可以為管理者的決策提供參考。

　　公司正是因為編制了規範、詳細、清晰的職位說明書，明確了各部門、各崗位的職責，才有效解決了任務重疊、相互推諉的問題，取得了令人滿意的效果。

◎案例四　食品工廠的工作崗位說明書案例

一、公司簡介

　　P公司是一家從事食品加工生產的企業，創業之初只有20多人，經過辛勤努力，現已發展成為產、供、銷一體化的集團公司。公司目前擁有員工600多人。近來，企業感覺到目前管理上存在很多問題：人浮於事，辦事效率低；有人抱怨工作太多，整天加班；用人部門反映新招聘的員工與實際崗位需求相差太大；工作中出了問題各部門互相推卸責任；員工抱怨薪資不合理等。

現公司的組織結構圖如圖 7-4-1 所示，人員素質構成如表 7-4-1 所示。

圖 7-4-1　公司的組織結構圖

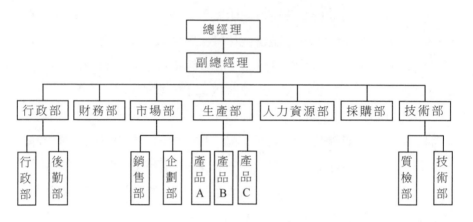

表 7-4-1　人員素質構成一覽表

人員	學歷	所佔比例
管理人員	本科以上	9%
生產人員	中專及以下	43%
銷售人員	大專及以下	32%
技術人員	本科以上	16%
註：技術人員中，獲得高級職稱的人員 10 人		

　　為了保證公司能夠正常高效地運行，該公司進行了一次全面的崗位分析。崗位分析的目的：

　　⑴編制一套涵蓋公司各個崗位的職務說明書，作為招聘選拔工作和制定合理薪酬制度重要的參考依據。

⑵理清各部門、各崗位的工作職責及權限。

⑶確定各崗位的績效考核指標，以此作為員工考核和晉升培訓的依據。

⑷為崗位設計提供重要的信息。

二、崗位分析的實施主體

⑴人力資源部所有工作人員。

人力資源部所有工作人員全面負責崗位分析的整個流程，具體內容包括以下六個方面。

①企業前期的宣傳與溝通。

②與外聘專家共同制定崗位分析的方案並負責實施。

③與外聘專家共同製作信息調查的工具(如訪談提綱、問卷調查設計等)。

④內部資料的調研，即從企業現有的資料中提取對崗位分析有效的信息。

⑤調查問卷的分發與收集。

⑥合理安排外聘專家的食宿。

⑵企業高層協助。

企業高層主管把控崗位分析的進程並為人力資源部門崗位分析的順利進行掃清障礙。

①動員各部門配合人力資源部的工作。

②總體上掌控崗位分析工作的進程。

③驗收崗位分析的結果。

⑶外聘專家。

外聘專家為崗位分析提供技術上的支援。

①為崗位分析人員的工作提供建設性的意見。

②為崗位分析提供技術上的支援。

③與人力資源部工作人員共同編制職務說明書。

⑷崗位分析的實施流程

崗位分析的實施流程及時間安排如表 7-4-2 所示。

表 7-4-2　崗位分析實施流程及時間安排

階段	工作內容
準備階段	1. 明確崗位分析的目的及主要工作任務 2. 前期的宣傳、溝通 3. 工作小組人員的確定 4. 確定收集信息的內容及方法 5. 崗位分析過程中必要工具的準備 6. 公司現有資料的調研
實施階段	1. 分發調查問卷和工作日誌 2. 員工拿到問卷兩天內填寫完畢並交到部門負責人手中 3. 人力資源部訪談相關人員或者去工作現場觀察 4. 收集調查問卷和工作日誌
描述、整合階段	1. 對收集到的信息進行審核、確認 2. 人力資源部工作人員與部門負責人、崗位任職者進行溝通，確認信息的真實性 3. 形成初步的職務說明書 4. 綜合各方面的信息，對初步形成的職務說明書進行修正，並將最終形成的結果存檔

⑸工作崗位分析的內容

①明確各崗位的崗位職責(包括主責、部份責任、輔助工作)與工作權限。

②明確各崗位的任職資格要求。

③確定各崗位的關鍵考核指標。

④各職務說明書及各部門職能說明書的制定。

三、崗位分析前期資料的收集

⑴公司的組織結構圖。

⑵公司現有的各部門職務說明書。

針對企業已有的技術部門職務說明書,為崗位說明的撰寫提供了基本範本。

⑶工作流程圖。

⑷其他。

表 7-4-3　技術部門職能說明書

部門名稱	技術部		
本部門崗位設置總數	4	本部門總人數	7 人
部門職能	編制與修訂技術規範，對公司產品實行技術指導、規範技術流程、實施技術監督，及時改進技術上存在的問題		
崗位名稱	等級	崗位人數(單位：人)	崗位職責
技術部經理	7	1	1. 根據企業戰略規劃，制定技術部門的發展戰略並負責實施 2. 國內外本行業技術發展狀況相關信息的調查與分析 3. 技術管理 4. 技術合作與對外交流 5. 為企業提供技術支持
電氣工程師	6	2	1. 項目的實施和驗收 2. 審核電氣設計圖紙 3. 全面負責組織對電氣生產操作人員的理論及技能培訓
技術管理專員	5	3	1. 指導、處理、協調和解決產品出現的技術問題，確保公司經營的正常運轉 2. 編制產品的使用、維修和技術安全等有關規定 3. 負責公司新技術引進和產品開發工作的計劃、實施 4. 技術合作與對外交流
產品研發專員	5	1	1. 進行產品策劃與市場調研 2. 負責產品設計與研發實施

四、工作崗位信息的收集與整理

調查表分發到員工手中後，讓員工在規定的時間內填寫完畢(如兩天)。人力資源部待員工填寫完畢後，要及時地收回問卷，並保證問卷調查份數的有效性，否則，可讓員工重新填寫。

對收集到的信息，人力資源部門工作人員要和相關人員共同審核信息的可靠性。對有疑慮或不清楚的地方要找相關人員進行確認，以保證信息的準確性、真實性和可靠性，其內容如下。

1.崗位基本信息

崗位名稱必須清晰、明確，讓人看到其名稱就能對該崗位有一個初步的認識。

技術管理專員的直接上級是技術部經理，全面負責處理企業生產過程中發生的技術問題。技術部部門編號為 G-X，技術部崗位編號為 G-XXX。

2.崗位職責

技術管理專員的主要崗位職責是協助技術部經理制定技術發展戰略規劃，指導及監控企業品質技術安全運作；對外進行技術交流與合作，對內提供技術支援；參與技術項目的研發工作。

3.權限

作為技術管理專員，其工作權限主要有：對工廠生產工人、機器設備及技術操作上的監督和檢查權，對企業整體技術規劃與實施的建議權。

4.工作關係

技術部門主要為企業生產提供技術支援，是影響企業生產效率的

重要因素之一。在日常的工作過程中，技術管理專員需要同企業內部的生產部門、技術部門及質檢部門取得工作上的聯繫，還要與外部的技術品質監督局、一些科研機構等進行交流與合作。

5.知識

知識包括專業知識和相關的業務知識。技術管理專員需具備生產技術管理等相關專業，並瞭解本行業技術發展狀況、國內外本行業技術發展的最新信息。

6.教育水準

根據技術管理專員的崗位職責與任務分析，其應具備本科以上學歷。

7.工作經驗

企業目前發展迅速，技術管理專員負責整個企業生產的技術問題，因此，要求技術管理專員需具備三年左右本職工作經驗。

8.能力

技術管理專員除了掌握專業技術外，還需具備一定的計劃分析能力及創新能力。

9.身體要求

本企業所有入職的新員工，一律需要接受體檢，體檢合格後方能錄用。

五、撰寫職務說明書與部門職能說明書

根據收集核實的信息，人力資源部展開對技術管理專員職務說明書的編寫工作。

表 7-4-4　技術管理專員職務說明書

崗位名稱	技術管理專員	崗位代碼		所屬部門	技術部
直接上級	技術部經理	崗位等級		編制日期	
職責概述	制定企業技術管理規章制度，為企業提供技術上的支援，確保企業技術管理工作的有序進行				

崗位職責	崗位職責	負責程度
	1.指導及監控企業品質技術安全運作	全部
	2.對機器設備的操作實行規範化管理	全部
	3.項目研發	全部
	4.協助部門經理制定技術發展戰略規劃	部份
	5.編寫企業各項技術管理制度	全部
	6.為企業提供技術支持	全部
	7.進行對外技術交流與合作	全部

工作權限	1.對設備、技術方案的改進權 2.對工廠生產人員的監督和檢查權
工作關係	1.企業內部 技術部門工作人員、生產部、質檢部 2.企業外部 技術品質監督局、科研機構、同行業的企業
崗位任職資格	1.教育背景 　理工科專業、本科以上學歷 2.工作經驗 　三年以上相關崗位工作經驗 3.技能要求 (1)較強的分析判斷能力、計劃組織能力和創新能力 (2)熟悉國家相關技術標準 (3)精通專業知識
工作環境	辦公室及生產工廠

◎案例五　製藥公司撰寫＜工作崗位說

明書＞的做法

一、公司簡介

製藥公司是 GMP 認證企業，位於生物醫藥產業園內，公司佔地面積 8 萬多平方米，擁有現代化的標準廠房設施和一塵不染的大面積綠化草坪，廠區內空氣清新，環境幽雅，全廠四條生產線整體一次性透過 GMP 認證，公司固定資產逾億元，年生產能力超過 5 億元，發展潛力巨大。

二、工作分析現狀

近年來公司有快速的發展，但企業體制上的弊端使得企業的人力資源管理工作仍然停留在過去的水準。企業在用人機制上缺乏靈活性，在激勵機制上也有些不合時宜，許多優秀的人才因此而流失。目前企業還沒有建立一套工作分析體系，使得企業定崗定員工作、薪酬激勵體系、業績考核體系很難建立在科學分析的基礎上，部份崗位存在人浮於事的現象，大大打擊了員工的積極性。公司現在只制定了少數崗位的崗位說明書，下面是其中一份：

表 7-5-1 部分職位說明書

部門名稱	財務部經理	部門代碼	CW
職責概要			
在行政副總經理領導下，負責公司會計核算和財務管理工作			
部門職責			

1. 會計核算
- 遵守財經紀律，貫徹執行有關財務會計法規和制度。
- 制定並實施公司財務管理制度、會計核算辦法和相應實施細則。
- 完善公司會計核算體系，處理各項會計核算業務。
- 匯總、編制並上報公司月、季、年會計報表。

2. 財務分析
- 編制財務分析報告，為公司經營決策提供依據。

3. 預、決算管理
- 編制公司年度財務預算，並監督預算的執行。
- 制定公司季、月財務收支計劃，資金計劃和成本費用計劃。
- 組織公司年度決算。

4. 資金管理
- 負責公司資金的籌集和調度，加強資金管理，提高資金使用效率。
- 負責公司現金出納和處理有關銀行往來業務。

5. 資產管理
- 管理公司固定資產，定期組織公司固定資產的清查盤點工作。
- 管理公司應收賬款，控制應收賬款風險。
- 管理公司其他資產，確保資產的安全、完整。

6. 稅務工作
- 負責公司稅收籌劃。
- 公司納稅申報和繳納工作。
- 協調與稅務部門的工作關係。

三、崗位說明書的診斷

透過對以上崗位說明書的分析可以得出以下結論：

1.雖然對公司財務部經理崗位的工作職責有了一定的描述，但沒有明確工作權限、工作目標、工作特點、任職人資格等信息。一份健全的職位說明書，除原有內容外，還要仔細分析研究出崗位的工作權限、工作目標、工作特點、任職人資格等信息。

2.該說明書過於簡單，沒有脫離崗位責任制的束縛，更像一份崗位責任書，沒有達到工作分析的高度。說明書在職責描述上，是一種崗位職責列舉，對工作內容和程序以及達到的標準沒有進行分析。

四、崗位說明書的優化設計

崗位說明書的編寫是在職務信息的收集、比較、分類的基礎上進行的，是工作分析的最後一個環節。崗位說明書是職務性質類型、工作環境、資格能力、責任權限及工作標準的綜合描述，用以表達崗位在單位內部的地位及對工作人員的要求。它體現了以「事」為中心的職務管理，是考核、培訓、錄用及指導員工的基本文件，也是職務評價的重要依據。

公司共設七個部門，分別為綜合管理部、研發部、生產部、品質部、財務部、市場部和銷售部。為優化公司的崗位說明書，我們採用以下的設計思路：

1.職別劃分

在崗位說明書中將公司的職別分為 A、B、C、D、E、F 六級，各

級具體劃分如下：

- A 級：總經理
- B 級：副總經理、總工程師、行銷總監
- C 級：部門經理
- D 級：部門主管、高級技術人員
- E 級：組長、技術人員、重要崗位管理人員、銷售人員
- F 級：其他人員

2.崗位調整

根據公司職能要求，項目組成員和公司高管人員對崗位的變更進行了討論，調整如下：

- 綜合管理部：部長、行政主管、人事主管、信息員、文員、保安
- 研發部：部長、研究開發員
- 生產部：部長、工廠主任、技術員、前處理工序工、液體製劑內包裝工、外包裝工、壓片工、充囊工、包衣工、鍋爐工、維修主管、維修工、水處理工、倉儲主管、倉管員
- 品質部：部長、化驗室主任、質檢員、質監員
- 財務部：部長、會計、出納
- 市場部：經理、策劃主管、客戶主管
- 銷售部：經理、省部經理、省部客戶主管、醫藥代表、發貨員

3.崗位具體類別劃分

工作崗位說明書將崗位分成五類，用該類別英文名的第一個字母表示：A——管理類(Administration)；R——研發類(Research)；T——技術類(Technology)；M——銷售類(Marketing)；S——服務與支援類(Service and Support)。其中管理類崗位 13 個，研發類 1

個,技術類 16 個,銷售類 5 個,服務與支援類 5 個。

表 7-5-2　崗位分類一覽表

崗位類別		崗位名稱	所屬部門	崗位類別		崗位名稱	所屬部門
A 管理類	高管	總經理		R研發尖		研究開發員	研發部
		副總經理		T 技術類	品質	化驗室主任	品質部
		總工程師				質檢員	品質部
		行銷總監				質監員	品質部
	部門經理	綜合管理部部長	綜管部		生產技術	工廠主任	生產部
		研發部部長	研發部			技術員	生產部
		品質部部長	品質部			維修主管	生產部
		財務部部長	財務部		財務	會計	財務部
		市場部經理	行銷中心			出納	財務部
		銷售部經理	行銷中心		操作工	前處理工序工	生產部
	一般管理	行政主管	綜管部			壓片工	生產部
		人事主管	綜管部			充囊工	生產部
		信息員	綜管部			包衣工	生產部
M銷售類		策劃主管	行銷中心		技術工	鍋爐工	生產部
		客戶主管	行銷中心			維修工	生產部
		省部經理	行銷中心		普工	外包裝工	生產部
		高級醫藥代表	行銷中心			液體製劑內包裝工序工	生產部
		醫藥代表	行銷中心	S服務與支持類		文員	管理部
						保安	管理部
						倉管主管	生產部
						倉管員	生產部
						發貨員	行銷中心

4.崗位編碼

為了便於人力資源管理數據化和信息庫技術的運用，便於資料的保存和調閱，本崗位說明書按國際慣例進行了崗位編碼，崗位編碼說明如下：

崗位編碼分為兩個部份。前面部份由三個字母構成，第一個字母表示崗位所屬部門，用該部門英文名的第一個字母表示：H——高管(High Management)；A——綜合管理部(Administration)；R——研發部(Research)；P——生產部(Production)；M——市場部、銷售部(Marketing)；Q——品質部(Quality)；F——財務部(Finance)。第二個字母表示崗位所屬的類別，用所屬類別的英文名的第一個字母表示(見崗位具體類別)。第三個字母表示崗位職別(見崗位職別劃分)。後面的數字表示部門人員號碼，公司相關部門可以根據部門人員具體數來進行編號。例如：生產部經理編碼為 PAC-001，P 表示該崗位在生產部，A 表示該崗位屬於管理類，C 表示該崗位行政級別為部門經理級，001 表示該崗位在部門中的編號。

表 7-5-3　崗位編碼一覽表

部門名稱	崗位名稱	崗位編碼	部門名稱	崗位名稱	崗位編碼
高管人員 （4）	總經理	HAA-001	生產部 （15）	生產部部長	PAC-001
	副總經理	HAB-002		工廠主任	PTE-002
	總工程師	HAB-003		維修主管	PTE-003
	行銷總監	HAB-004		倉儲主管	PSE-004
綜合 管理部 （7）	綜合管理部部長	AAC-001		技術員	PTE-005
	行政主管	AAD-002		前處理工序工	PTF-006
	人事主管	AAD-003		液體製劑 內包裝工序工	PTF-007
	信息員	AAF-004		外包裝工	PTF-008
	文員	ASF-005		壓片工	PTF-009
	財務部部長	FAC-001		充囊工	PTF-010
	保安	ASF-006		包衣工	PTF-011
財務部 （3）	財務部部長	FAC-001		鍋爐工	PTF-012
	會計	FTE-002		維修工	PTF-013
	出納	FTE-003		水處理工	PTF-014
品質部 （4）	品質部部長	QAC-001		倉管員	PTF-015
	化驗室主任	QAD-002	市場部 銷售部 （9）	市場部經理	MAC-001
	質檢員	QTE-003		銷售部經理	MAC-002
	質監員	QTE-004		策劃主管	MMD-003
研發部 （2）	研發部長	RAC-001		客戶主管	MMD-004
	研究開發員	RTD-002		省部經理	MMD-005
				省部客戶主管	MME-006
				高級醫藥代表	MME-007
				醫藥代表	MME-008
				發貨員	MSF-009

5.優化後的崗位說明書

　　根據崗位說明書設計的基本要求，結合公司的具體情況，經項目組成員和公司高管人員的討論商定，最終得出了優化後的崗位說明書，列示部份工作崗位說明書作為樣表。

表 7-5-4　財務部部長崗位說明書

主題：財務部部長崗位說明書		部門：財務部		文件編號：
第1版　第1次修訂		共3頁		歸檔號：
崗位名稱	財務部部長			
崗位編碼	FAC-001			
所屬部門	財務部			
工作關係	直接上級：副總經理			
	直接下級：會計、出納			
	主要協作崗位：各部門部長、人事主管、客戶主管			
職別	A級　　B級　　C級　　D級　　E級　　F級			
職位待遇	薪資收入	崗位薪資(含保密薪資15%)		1200～2460點
		績效薪資		8000～1640點
		技能素質薪資		有
		年功薪資		三等
		計件薪資		無
		佣金		無
	福利待遇	醫療保險		有
		養老保險		有
		失業保險		有
		工傷保險		有
		交通費		50元
		工作餐		免費中餐
	職位消費	通訊費限額報銷		
	培訓機會	公司內部培訓、送外培訓		

續表

職務晉升通道	副總經理	
崗位重要程度	很重要　　重要　　較重要　　一般	
工作責任壓力	很大　　　大　　　較大　　　一般	
工作職責	工作概要	工作要求
	制度建設	組織制定公司財務管理制度、會計核算辦法和相應實施細則。
	預算管理	1. 負責擬定公司的年度、季、月財務收支、資金需求、成本費用、現金流量等計劃，參與制訂公司的經營計劃； 2. 負責監督、檢查公司各項財務計劃執行情況，提出財務分析報告。
	資產管理	1. 督促檢查固定資產、低值易耗品、物料用品等財產、物資的使用、保管情況； 2. 負責組織產品、在產品的盤存和財產清查，保證賬物相符； 3. 負責公司的各項債權、債務的清理結算工作。
	公共協調	負責與財政、稅務、銀行、審計、地方政府等相關部門的關係協調，並按照政府規定提交相關資料，做好納稅申報、審計及年檢工作。
	資金管理	1. 根據總經理安排組織調度公司資金，保證公司日常合理開支需要的供給； 2. 督促有關人員重視應收賬款的催收工作，負責應收賬款的清算，加速資金回籠； 3. 負責按規定程序、手續及時做好資金回籠，準時進賬、存款； 4. 參與審查公司重要合約。
	財務分析	1. 負責編寫財務說明書； 2. 對公司經營收入、成本、費用、現金流量等提出財務分析報告，並提出加強經營管理和財務管理的建議，供公司參考。
	資料管理	負責組織會計檔案的立卷、歸檔、保管、調閱和銷毀等工作。

續表

工作職責	人員管理	1. 負責指導、管理、監督下屬人員的業務工作； 2. 負責對下屬人員進行考核。
	其他任務	完成副總經理交辦的其他工作。
任職基本條件	學歷最低要求	中專　大專　本科　研究生
	專業	醫藥　管理　理工科　文科　不限
	經驗	5年以上工作經歷，3年以上財務管理經驗
	性別	男性較佳　女性較佳　不服
	健康狀況	好　　良好　　一般
	年齡	30～50歲
	其他要求	
任職知識要求	專業知識	財務
	相關知識	管理
任職素質要求	忠誠度	為人誠實、可靠，能付之以重任；以公司的利益至上為行為準則，忠實於崗位職責的要求。
	責任心	積極主動承擔工作任務，並能盡心盡責完成，對工作品質力求完美，勇於承擔責任和壓力。
任職能力要求	決策能力	A　　B　　[C]　　D　　E
	創新能力	A　　B　　[C]　　D　　E
	計劃能力	A　　B　　[C]　　D　　E
	信息處理能力	A　　B　　[C]　　D　　E
	學習能力	A　　[B]　　C　　D　　E
	組織能力	A　　B　　[C]　　D　　E
	協調能力	A　　[B]　　C　　D　　E
	合作能力	A　　[B]　　C　　D　　E
	寫作能力	A　　[B]　　C　　D　　E
	語言能力	A　　B　　[C]　　D　　E
	時間管理能力	A　　[B]　　C　　D　　E
	技術技能	電腦應用

五、崗位說明書的動態編制

當編制出工作崗位說明書後，並不是大功告成，崗位說明書的編制並不是一勞永逸的工作，而是一個動態的過程。崗位說明書的動態編制也分為三個階段：

企業組織相關人員開展工作分析，設計崗位說明書範本，指導員工進行自下而上，自上而下的反覆修訂最終形成符合公司管理現狀的崗位說明書初級版。

在崗位說明書初級版運行 3 個月後，企業應根據崗位說明書的實際運行情況綜合考慮環境因素、經營重點對崗位說明書進行修正和調整，崗位說明書升級為修正版。

在修正版運行 9 個月之後，公司應進一步根據修正版的運行情況，結合當時的環境因素、經營重點、組織架構對崗位說明書進行修正和調整，崗位說明書升級為終極版。

經過以上的不斷分析和改進，崗位說明書不斷升級，最終進入穩定運行階段。

企業的核心競爭力，就在這里！

圖 書 出 版 目 錄

憲業企管顧問（集團）公司為企業界提供診斷、輔導、培訓等專項工作。下列圖書是由臺灣的憲業企管顧問（集團）公司所出版，自 1993 年秉持專業立場，特別注重實務應用，50 餘位顧問師為企業界提供最專業的經營管理類圖書。

選購企管書，敬請認明品牌：**憲 業 企 管 公 司**。

1.傳播書香社會，直接向本出版社購買，一律 9 折優惠，郵遞費用由本公司負擔。服務電話(02)27622241　(03)9310960　　傳真(03)9310961

2.付款方式：請將書款轉帳到我公司下列的銀行帳戶。

　・銀行名稱：合作金庫銀行（敦南分行）　帳號：**5034-717-347447**
　　公司名稱：憲業企管顧問有限公司

　・郵局劃撥號碼：**18410591**　　郵局劃撥戶名：憲業企管顧問公司

3.圖書出版資料每週隨時更新，請見網站 **www.bookstore99.com**

經營顧問叢書

25	王永慶的經營管理	360 元
52	堅持一定成功	360 元
56	對準目標	360 元
60	寶潔品牌操作手冊	360 元
78	財務經理手冊	360 元
79	財務診斷技巧	360 元
91	汽車販賣技巧大公開	360 元
97	企業收款管理	360 元
100	幹部決定執行力	360 元
122	熱愛工作	360 元
129	邁克爾・波特的戰略智慧	360 元
130	如何制定企業經營戰略	360 元
135	成敗關鍵的談判技巧	360 元
137	生產部門、行銷部門績效考核手冊	360 元
139	行銷機能診斷	360 元
140	企業如何節流	360 元
141	責任	360 元
142	企業接棒人	360 元
144	企業的外包操作管理	360 元
146	主管階層績效考核手冊	360 元
147	六步打造績效考核體系	360 元
148	六步打造培訓體系	360 元
149	展覽會行銷技巧	360 元
150	企業流程管理技巧	360 元

152	向西點軍校學管理	360 元	235	求職面試一定成功	360 元
154	領導你的成功團隊	360 元	236	客戶管理操作實務〈增訂二版〉	360 元
163	只為成功找方法，不為失敗找藉口	360 元	237	總經理如何領導成功團隊	360 元
			238	總經理如何熟悉財務控制	360 元
167	網路商店管理手冊	360 元	239	總經理如何靈活調動資金	360 元
168	生氣不如爭氣	360 元	240	有趣的生活經濟學	360 元
170	模仿就能成功	350 元	241	業務員經營轄區市場（增訂二版）	360 元
176	每天進步一點點	350 元			
181	速度是贏利關鍵	360 元	242	搜索引擎行銷	360 元
183	如何識別人才	360 元	243	如何推動利潤中心制度（增訂二版）	360 元
184	找方法解決問題	360 元			
185	不景氣時期，如何降低成本	360 元	244	經營智慧	360 元
186	營業管理疑難雜症與對策	360 元	245	企業危機應對實戰技巧	360 元
187	廠商掌握零售賣場的竅門	360 元	246	行銷總監工作指引	360 元
188	推銷之神傳世技巧	360 元	247	行銷總監實戰案例	360 元
189	企業經營案例解析	360 元	248	企業戰略執行手冊	360 元
191	豐田汽車管理模式	360 元	249	大客戶搖錢樹	360 元
192	企業執行力（技巧篇）	360 元	252	營業管理實務（增訂二版）	360 元
193	領導魅力	360 元	253	銷售部門績效考核量化指標	360 元
198	銷售說服技巧	360 元	254	員工招聘操作手冊	360 元
199	促銷工具疑難雜症與對策	360 元	256	有效溝通技巧	360 元
200	如何推動目標管理（第三版）	390 元	258	如何處理員工離職問題	360 元
201	網路行銷技巧	360 元	259	提高工作效率	360 元
204	客戶服務部工作流程	360 元	261	員工招聘性向測試方法	360 元
206	如何鞏固客戶（增訂二版）	360 元	262	解決問題	360 元
208	經濟大崩潰	360 元	263	微利時代制勝法寶	360 元
215	行銷計劃書的撰寫與執行	360 元	264	如何拿到 VC（風險投資）的錢	360 元
216	內部控制實務與案例	360 元			
217	透視財務分析內幕	360 元	267	促銷管理實務〈增訂五版〉	360 元
219	總經理如何管理公司	360 元	268	顧客情報管理技巧	360 元
222	確保新產品銷售成功	360 元	269	如何改善企業組織績效〈增訂二版〉	360 元
223	品牌成功關鍵步驟	360 元			
224	客戶服務部門績效量化指標	360 元	270	低調才是大智慧	360 元
226	商業網站成功密碼	360 元	272	主管必備的授權技巧	360 元
228	經營分析	360 元	275	主管如何激勵部屬	360 元
229	產品經理手冊	360 元	276	輕鬆擁有幽默口才	360 元
230	診斷改善你的企業	360 元	278	面試主考官工作實務	360 元
232	電子郵件成功技巧	360 元	279	總經理重點工作（增訂二版）	360 元
234	銷售通路管理實務〈增訂二版〉	360 元	282	如何提高市場佔有率（增訂二版）	360 元

283	財務部流程規範化管理（增訂二版）	360元
284	時間管理手冊	360元
285	人事經理操作手冊（增訂二版）	360元
286	贏得競爭優勢的模仿戰略	360元
287	電話推銷培訓教材（增訂三版）	360元
288	贏在細節管理（增訂二版）	360元
289	企業識別系統 CIS（增訂二版）	360元
290	部門主管手冊（增訂五版）	360元
291	財務查帳技巧（增訂二版）	360元
293	業務員疑難雜症與對策（增訂二版）	360元
295	哈佛領導力課程	360元
296	如何診斷企業財務狀況	360元
297	營業部轄區管理規範工具書	360元
298	售後服務手冊	360元
299	業績倍增的銷售技巧	400元
300	行政部流程規範化管理（增訂二版）	400元
302	行銷部流程規範化管理（增訂二版）	400元
304	生產部流程規範化管理（增訂二版）	400元
305	績效考核手冊(增訂二版)	400元
307	招聘作業規範手冊	420元
308	喬·吉拉德銷售智慧	400元
309	商品鋪貨規範工具書	400元
310	企業併購案例精華(增訂二版)	420元
311	客戶抱怨手冊	400元
314	客戶拒絕就是銷售成功的開始	400元
315	如何選人、育人、用人、留人、辭人	400元
316	危機管理案例精華	400元
317	節約的都是利潤	400元
318	企業盈利模式	400元
319	應收帳款的管理與催收	420元

320	總經理手冊	420元
321	新產品銷售一定成功	420元
322	銷售獎勵辦法	420元
323	財務主管工作手冊	420元
324	降低人力成本	420元
325	企業如何制度化	420元
326	終端零售店管理手冊	420元
327	客戶管理應用技巧	420元
328	如何撰寫商業計畫書（增訂二版）	420元
329	利潤中心制度運作技巧	420元
330	企業要注重現金流	420元
331	經銷商管理實務	450元
332	內部控制規範手冊（增訂二版）	420元
333	人力資源部流程規範化管理（增訂五版）	420元
334	各部門年度計劃工作（增訂三版）	420元
335	人力資源部官司案件大公開	420元
336	高效率的會議技巧	420元
337	企業經營計劃〈增訂三版〉	420元
338	商業簡報技巧（增訂二版）	420元
339	企業診斷實務	450元
340	總務部門重點工作（增訂四版）	450元
341	從招聘到離職	450元
342	職位說明書撰寫實務	450元

《商店叢書》

18	店員推銷技巧	360元
30	特許連鎖業經營技巧	360元
35	商店標準操作流程	360元
36	商店導購口才專業培訓	360元
37	速食店操作手冊〈增訂二版〉	360元
38	網路商店創業手冊〈增訂二版〉	360元
40	商店診斷實務	360元
41	店鋪商品管理手冊	360元
42	店員操作手冊（增訂三版）	360元
44	店長如何提升業績〈增訂二版〉	360元

45	向肯德基學習連鎖經營〈增訂二版〉	360 元
47	賣場如何經營會員制俱樂部	360 元
48	賣場銷量神奇交叉分析	360 元
49	商場促銷法寶	360 元
53	餐飲業工作規範	360 元
54	有效的店員銷售技巧	360 元
56	開一家穩賺不賠的網路商店	360 元
58	商鋪業績提升技巧	360 元
59	店員工作規範（增訂二版）	400 元
61	架設強大的連鎖總部	400 元
62	餐飲業經營技巧	400 元
64	賣場管理督導手冊	420 元
65	連鎖店督導師手冊（增訂二版）	420 元
67	店長數據化管理技巧	420 元
69	連鎖業商品開發與物流配送	420 元
70	連鎖業加盟招商與培訓作法	420 元
71	金牌店員內部培訓手冊	420 元
72	如何撰寫連鎖業營運手冊〈增訂三版〉	420 元
73	店長操作手冊（增訂七版）	420 元
74	連鎖企業如何取得投資公司注入資金	420 元
75	特許連鎖業加盟合約（增訂二版）	420 元
76	實體商店如何提昇業績	420 元
77	連鎖店操作手冊(增訂六版)	420 元
78	快速架設連鎖加盟帝國	450 元
79	連鎖業開店複製流程（增訂二版）	450 元
80	開店創業手冊〈增訂五版〉	450 元
81	餐飲業如何提昇業績	450 元

《工廠叢書》

15	工廠設備維護手冊	380 元
16	品管圈活動指南	380 元
17	品管圈推動實務	380 元
20	如何推動提案制度	380 元
24	六西格瑪管理手冊	380 元
30	生產績效診斷與評估	380 元
32	如何藉助 IE 提升業績	380 元

46	降低生產成本	380 元
47	物流配送績效管理	380 元
51	透視流程改善技巧	380 元
55	企業標準化的創建與推動	380 元
56	精細化生產管理	380 元
57	品質管制手法〈增訂二版〉	380 元
58	如何改善生產績效〈增訂二版〉	380 元
68	打造一流的生產作業廠區	380 元
70	如何控制不良品〈增訂二版〉	380 元
71	全面消除生產浪費	380 元
72	現場工程改善應用手冊	380 元
77	確保新產品開發成功（增訂四版）	380 元
79	6S 管理運作技巧	380 元
84	供應商管理手冊	380 元
85	採購管理工作細則〈增訂二版〉	380 元
88	豐田現場管理技巧	380 元
89	生產現場管理實戰案例〈增訂三版〉	380 元
92	生產主管操作手冊(增訂五版)	420 元
93	機器設備維護管理工具書	420 元
94	如何解決工廠問題	420 元
96	生產訂單運作方式與變更管理	420 元
97	商品管理流程控制(增訂四版)	420 元
102	生產主管工作技巧	420 元
103	工廠管理標準作業流程〈增訂三版〉	420 元
105	生產計劃的規劃與執行(增訂二版)	420 元
107	如何推動 5S 管理（增訂六版）	420 元
108	物料管理控制實務〈增訂三版〉	420 元
111	品管部操作規範	420 元
112	採購管理實務〈增訂八版〉	420 元
113	企業如何實施目視管理	420 元
114	如何診斷企業生產狀況	420 元
115	採購談判與議價技巧〈增訂四版〉	450 元

116	如何管理倉庫〈增訂十版〉	450 元
117	部門績效考核的量化管理（增訂八版）	450 元

《醫學保健叢書》

23	如何降低高血壓	360 元
24	如何治療糖尿病	360 元
25	如何降低膽固醇	360 元
26	人體器官使用說明書	360 元
27	這樣喝水最健康	360 元
28	輕鬆排毒方法	360 元
29	中醫養生手冊	360 元
32	幾千年的中醫養生方法	360 元
34	糖尿病治療全書	360 元
35	活到 120 歲的飲食方法	360 元
36	7 天克服便秘	360 元
37	為長壽做準備	360 元
39	拒絕三高有方法	360 元
40	一定要懷孕	360 元
41	提高免疫力可抵抗癌症	360 元
42	生男生女有技巧〈增訂三版〉	360 元

《培訓叢書》

12	培訓師的演講技巧	360 元
15	戶外培訓活動實施技巧	360 元
21	培訓部門經理操作手冊（增訂三版）	360 元
23	培訓部門流程規範化管理	360 元
24	領導技巧培訓遊戲	360 元
26	提升服務品質培訓遊戲	360 元
27	執行能力培訓遊戲	360 元
28	企業如何培訓內部講師	360 元
31	激勵員工培訓遊戲	420 元
32	企業培訓活動的破冰遊戲（增訂二版）	420 元
33	解決問題能力培訓遊戲	420 元
34	情商管理培訓遊戲	420 元
36	銷售部門培訓遊戲綜合本	420 元
37	溝通能力培訓遊戲	420 元
38	如何建立內部培訓體系	420 元
39	團隊合作培訓遊戲(增訂四版)	420 元
40	培訓師手冊（增訂六版）	420 元

41	企業培訓遊戲大全(增訂五版)	450 元

《傳銷叢書》

4	傳銷致富	360 元
5	傳銷培訓課程	360 元
10	頂尖傳銷術	360 元
12	現在輪到你成功	350 元
13	鑽石傳銷商培訓手冊	350 元
14	傳銷皇帝的激勵技巧	360 元
15	傳銷皇帝的溝通技巧	360 元
19	傳銷分享會運作範例	360 元
20	傳銷成功技巧（增訂五版）	400 元
21	傳銷領袖（增訂二版）	400 元
22	傳銷話術	400 元
24	如何傳銷邀約（增訂二版）	450 元

《幼兒培育叢書》

1	如何培育傑出子女	360 元
2	培育財富子女	360 元
3	如何激發孩子的學習潛能	360 元
4	鼓勵孩子	360 元
5	別溺愛孩子	360 元
6	孩子考第一名	360 元
7	父母要如何與孩子溝通	360 元
8	父母要如何培養孩子的好習慣	360 元
9	父母要如何激發孩子學習潛能	360 元
10	如何讓孩子變得堅強自信	360 元

《智慧叢書》

1	禪的智慧	360 元
2	生活禪	360 元
3	易經的智慧	360 元
4	禪的管理大智慧	360 元
5	改變命運的人生智慧	360 元
6	如何吸取中庸智慧	360 元
7	如何吸取老子智慧	360 元
8	如何吸取易經智慧	360 元
9	經濟大崩潰	360 元
10	有趣的生活經濟學	360 元
11	低調才是大智慧	360 元

《DIY 叢書》

1	居家節約竅門 DIY	360 元
2	愛護汽車 DIY	360 元

3	現代居家風水 DIY	360 元
4	居家收納整理 DIY	360 元
5	廚房竅門 DIY	360 元
6	家庭裝修 DIY	360 元
7	省油大作戰	360 元

為方便讀者選購，本公司將一部分上述圖書又加以專門分類如下：

《主管叢書》

1	部門主管手冊（增訂五版）	360 元
2	總經理手冊	420 元
4	生產主管操作手冊（增訂五版）	420 元
5	店長操作手冊（增訂六版）	420 元
6	財務經理手冊	360 元
7	人事經理操作手冊	360 元
8	行銷總監工作指引	360 元
9	行銷總監實戰案例	360 元

《總經理叢書》

1	總經理如何經營公司(增訂二版)	360 元
2	總經理如何管理公司	360 元
3	總經理如何領導成功團隊	360 元
4	總經理如何熟悉財務控制	360 元
5	總經理如何靈活調動資金	360 元
6	總經理手冊	420 元

《人事管理叢書》

1	人事經理操作手冊	360 元
2	從招聘到離職	450 元
3	員工招聘性向測試方法	360 元
5	總務部門重點工作（增訂四版）	450 元
6	如何識別人才	360 元
7	如何處理員工離職問題	360 元
8	人力資源部流程規範化管理（增訂五版）	420 元
9	面試主考官工作實務	360 元
10	主管如何激勵部屬	360 元
11	主管必備的授權技巧	360 元
12	部門主管手冊（增訂五版）	360 元

《理財叢書》

1	巴菲特股票投資忠告	360 元
2	受益一生的投資理財	360 元
3	終身理財計劃	360 元
4	如何投資黃金	360 元
5	巴菲特投資必贏技巧	360 元
6	投資基金賺錢方法	360 元
7	索羅斯的基金投資必贏忠告	360 元
8	巴菲特為何投資比亞迪	360 元

請保留此圖書目錄：

未來在長遠的工作上，此圖書目錄可能會對您有幫助！！

在海外出差的⋯⋯⋯

台 灣 上 班 族

愈來愈多的台灣上班族，到大陸工作（或出差），對工作的努力與敬業，是台灣上班族的核心競爭力；一個明顯的例子，返台休假期間，台灣上班族都會抽空再買書，設法充實自身專業能力。

[憲業企管顧問公司]以專業立場，為企業界提供最專業的各種經營管理類圖書。

85%的台灣上班族都曾經有過購買（或閱讀）[憲業企管顧問公司]所出版的各種企管圖書。

尤其是在競爭激烈或經濟不景氣時，更要加強投資在自己的專業能力，建議你：

工作之餘要多看書，加強競爭力。

建立企業圖書館

當市場競爭激烈時：

培訓員工，強化員工競爭力
是企業最佳對策

「人才」是企業最大的財富。如何提升人才，是企業永續經營、戰勝對手的核心競爭力。積極培訓公司內部員工，是經濟不景氣時期的最佳戰略，而最快速的具體作法，就是「建立企業內部圖書館，鼓勵員工多閱讀、多進修專業書籍」

建議您：請一次購足本公司所出版各種經營管理類圖書，作為貴公司內部員工培訓圖書。 使用率高的（例如「贏在細節管理」），準備 3 本；使用率低的（例如「工廠設備維護手冊」），只買 1 本。

給總經理的話

　　總經理公事繁忙，還要設法擠出時間，赴外上課進修學習，努力不懈，力爭上游。

　　總經理拚命充電，但是員工呢？

　　公司的執行仍然要靠員工，為什麼不要讓員工一起進修學習呢？

　　買幾本好書，交待員工一起讀書，或是買好書送給員工當禮品。簡單、立刻可行，多好的事！

經營顧問叢書 ㉞2　　　　　售價：450 元

職位說明書撰寫實務

西元二〇二二年一月　　　　　　初版一刷

編著：廖明煌　陳秋福

策劃：麥可國際出版有限公司（新加坡）

編輯：蕭玲

封面設計：宇軒設計工作室

校對：劉飛娟

發行人：黃憲仁

發行所：憲業企管顧問有限公司

電話：(02) 2762-2241　(03) 9310960　0930872873

電子郵件聯絡信箱：huang2838@yahoo.com.tw

銀行 ATM 轉帳：合作金庫銀行　帳號：**5034-717-347447**

郵政劃撥：**18410591**　憲業企管顧問有限公司

江祖平律師顧問：紙品書、數位書著作權與版權均歸本公司所有

登記證：行政業新聞局版台業字第 6380 號

本公司徵求海外版權出版代理商（0930872873）

本圖書是由憲業企管顧問（集團）公司所出版，以專業立場，為企業界提供最專業的各種經營管理類圖書。

圖書編號 ISBN：978-986-369-105-1